Khaled Hussein

A validade da utilização de diferentes aspectos dos atributos da cor do algodão

Khaled Hussein

A validade da utilização de diferentes aspectos dos atributos da cor do algodão

ScienciaScripts

Cover image: www.ingimage.com

This book is a translation from the original published under ISBN 978-3-659-89752-8.

Publisher:
Sciencia Scripts
is a trademark of
Dodo Books Indian Ocean Ltd. and OmniScriptum S.R.L publishing group

120 High Road, East Finchley, London, N2 9ED, United Kingdom
Str. Armeneasca 28/1, office 1, Chisinau MD-2012, Republic of Moldova, Europe
Managing Directors: Ieva Konstantinova, Victoria Ursu
info@omniscriptum.com

Printed at: see last page
ISBN: 978-620-8-62019-6

ÍNDICE

Capítulo 1

1. Introdução

1.1. Natureza do algodão

Do ponto de vista botânico, existem três grupos principais de algodão de importância comercial. O primeiro, a espécie *Gossypium hirsutum*, é originária do México e da América Central e foi desenvolvida para uma utilização extensiva nos Estados Unidos, sendo responsável por mais de noventa e cinco por cento da produção americana. Este grupo é conhecido nos Estados Unidos como algodão "American Upland" e tem fibras que variam em comprimento de cerca de 7/8 a 15/16 polegadas. O segundo grupo botânico, o A espécie *G. barbadense,* que constitui o saldo da produção dos EUA, é de origem sul-americana. O comprimento das fibras varia de 1¼ polegadas a 19/16 polegadas, é conhecido nos Estados Unidos como algodão "American Pima", também vulgarmente designado por algodão "Extra-Long Staple". Um terceiro grupo, *G. herbaceum e G. arboreum,* consiste em algodões com fibras de comprimento mais curto, de ½ a 1 polegada, originários da Índia e da Ásia Oriental. Nenhum algodão deste grupo é cultivado nos Estados Unidos. Uma única libra de algodão pode conter 100 milhões ou mais de fibras individuais. Cada fibra é o resultado do crescimento de uma única célula que se desenvolve na camada superficial da semente de algodão. Durante as fases iniciais do seu crescimento, a fibra alonga-se até ao seu comprimento total como um tubo de parede fina. À medida que amadurece, a parede da fibra é engrossada por depósitos de celulose no interior do tubo, deixando uma área oca no centro. Quando o período de crescimento termina e o material vivo morre, a fibra entra em colapso e gira em torno do seu próprio eixo.

1.2. Antecedentes da classificação do algodão colorido nos EUA

A classificação tradicional da cor do algodão é realizada por um classificador humano treinado para utilizar padrões de referência de algodão na determinação do grau de cor em amostras de algodão cru. A necessidade de um instrumento para medir a cor do algodão foi reconhecida nos primeiros dias da classificação, dadas as inconsistências encontradas na classificação de cores por classificadores humanos.

Na década de 1930, o USDA começou a desenvolver instrumentos de medição de cor para o algodão. As medições de cor Rd (acinzentado) e cor +b (amarelado) tornaram-se os parâmetros padrão de medição de classificação de cor do algodão com as primeiras avaliações do Colorímetro Hunter em 1950. Antes do desenvolvimento do instrumento colorímetro de algodão, a cor dos padrões de qualidade era baseada no julgamento dos classificadores. Dado que a cor do algodão muda com o tempo, era muito difícil manter um padrão de cor consistente de ano para ano. Com o desenvolvimento do colorímetro, a consistência dos padrões de classificação da cor do algodão pôde ser assegurada ao longo do tempo, dada a estabilidade do instrumento em relação ao classificador.

Na década de 1970, a tecnologia do colorímetro começou a ser avaliada para utilização na classificação. No final da década de 1970, o colorímetro foi integrado em sistemas de instrumentos de alto volume (HVI). Em 1991, 100% das amostras do USDA estavam a ser testadas por HVI e, por conseguinte, também por colorímetro. Antes de 1998, a classificação oficial da cor era atribuída pelo classificador. Embora o colorímetro HVI estivesse medindo a cor há vários anos, foi somente na temporada de classificação de 1998 que as medidas Rd e +b do colorímetro HVI foram aprovadas para uso na determinação do grau oficial de cor do algodão Upland classificado pelo USDA. Desde essa época, o papel do classificador foi reduzido à classificação apenas de folhas e materiais estranhos.

1.3. Classificação do algodão nos EUA

O termo "classificação do algodão" refere-se à aplicação de normas oficiais e procedimentos normalizados desenvolvidos pelo USDA para medir os atributos físicos do algodão em bruto que afectam a qualidade do produto acabado e/ou a eficiência do fabrico. A metodologia de classificação do USDA baseia-se em padrões de grau e de instrumento utilizados em conjunto com métodos e equipamentos de última geração para fornecer à indústria do algodão a melhor informação possível sobre a qualidade do algodão para comercialização e processamento. A classificação do USDA consiste atualmente em determinações do comprimento da fibra, uniformidade do comprimento, resistência da fibra, micronaire, cor, impurezas, folhas e matérias estranhas. O sistema está a passar rapidamente da dependência dos sentidos humanos para a utilização de instrumentos de precisão de grande volume que efectuam medições de qualidade numa questão de segundos. Apenas as classificações de matérias estranhas e condições especiais continuam a ser efectuadas manualmente. A investigação e o desenvolvimento continuam a desenvolver a tecnologia e a instrumentação necessárias para medir rapidamente as matérias estranhas, bem como outras caraterísticas importantes das fibras, como a maturidade, a viscosidade, o teor de fibras curtas e os neps. O USDA concluirá a transição para uma classificação totalmente instrumental assim que a tecnologia puder ser desenvolvida e os instrumentos forem suficientemente aperfeiçoados para garantir medições de qualidade representativas e fiáveis.

1.4. Classificação do algodão no Egito

1.4.1. Definição

A classificação do algodão por grau é definida como a arte e a ciência de descrever a qualidade do algodão em termos de grau, de acordo com as normas oficiais. De facto, a classificação depende basicamente da inspeção visual e da avaliação da qualidade do algodão em bruto, uma vez que é realizada principalmente através do sentido da visão, mediante a integração dos três factores de classificação, ou seja, a cor, o teor de impurezas e a preparação ou aspeto do algodão descaroçado.

1.4.2. Variação da qualidade do algodão

As caraterísticas de qualidade da fibra de algodão são predominantemente varietais e, por conseguinte, são controladas geneticamente. No entanto, sabe-se que as condições ambientais preponderantes, incluindo os factores edáficos, climáticos e biológicos, causam uma diversificação óbvia da qualidade da fibra dentro da mesma variedade de algodão. De facto, quando as condições ambientais são mais propícias a uma boa produção de algodão, as propriedades de qualidade da fibra desenvolver-se-iam em todo o seu potencial. Em contrapartida, quando o algodão é sujeito a condições ambientais desfavoráveis, são produzidas fibras de qualidade inferior. Geralmente, a variação na qualidade do algodão resulta de flutuações nas condições climatéricas, na fertilidade do solo, na incidência de pragas e doenças, no grau de cuidado e eficiência das práticas culturais, na exposição das cápsulas abertas antes da colheita e nos métodos de colheita e descaroçamento. Além disso, a cultura do algodão tem tendência para variar de qualidade ao longo da época de colheita. As colheitas mais tardias, em especial, apresentam geralmente uma queda acentuada de qualidade, devido ao facto de estarem muito provavelmente sujeitas a uma infestação grave de vermes da cápsula e de outros insectos e doenças, para além do efeito prejudicial da senilidade das plantas e, em geral, das condições ambientais adversas que prevalecem no final da época. Estas limitações naturais causam uma variação apreciável na qualidade das fibras de algodão dentro da mesma variedade. São atribuídos diferentes graus aos diferentes níveis de qualidade de uma variedade para indicar o seu valor para fiação.

1.4.3. Objectivos da classificação do algodão

O algodão é classificado para determinar essencialmente o seu grau, que indica o valor de fiação e a utilidade e, por conseguinte, o valor de mercado ou o preço do algodão. Os agricultores estão interessados na classificação do algodão por grau para avaliar a produção, a colheita e as práticas de descaroçamento, a fim de comercializarem o seu algodão de forma vantajosa. Por outro lado, os comerciantes podem comprar e vender eficazmente o algodão de acordo com o seu grau. Do ponto de vista da transformação do algodão, a uniformidade razoável da qualidade do algodão em termos de qualidade é essencial e necessária para obter um tratamento homogéneo do algodão durante a transformação e produzir fios de desempenho satisfatório.

A explicação anterior mostra a concordância entre o sistema de classificação utilizado nos EUA e no Egito. No entanto, o sistema de classificação atualmente utilizado no Egito necessita de ser atualizado e melhorado de modo a acompanhar o sistema de classificação dos EUA.

1.4.4. Factores de grau

O grau do algodão é determinado tendo em conta os três factores do grau, ou seja, a cor, o teor de impurezas e a preparação ou aspeto do algodão descaroçado.

O fator mais importante a ter em consideração, de acordo com a questão principal deste capítulo, é a cor do algodão em pluma. Além disso, a variação de cor devido ao tipo de algodão em rama é a seguinte

- Os principais atributos que determinam a cor do algodão cru são o brilho e o croma. O brilho é a claridade ou escuridão da cor, enquanto o croma é essencialmente o grau de intensidade do amarelo do algodão. A exposição contínua do ouro às intempéries e à ação de microrganismos pode fazer com que o algodão perca o seu brilho e se torne escuro e baço. Em condições extremas de danos causados pelo clima, a cor pode tornar-se cinzenta azulada. O algodão americano Upland, cujo crescimento é interrompido prematuramente por geada ou seca, pode apresentar uma cor amarela que varia em profundidade. O algodão também pode ficar descolorido ou manchado devido à ação de insectos, fungos e manchas no solo. Independentemente da causa da descoloração, qualquer desvio da cor brilhante do algodão normalmente aberto indica uma deterioração da qualidade.

- A quantidade variável de cor amarela encontrada no algodão forma a base para as classes ou grupos de cores usadas nos padrões de classificação do algodão americano Upland. Esses grupos de cores são branco, manchado claro, manchado, tingido e manchado de amarelo. À medida que o algodão de cada grupo de cores é exposto ao intemperismo, torna-se progressivamente mais escuro. O grau de escuridão é a base principal para as divisões de qualidade dentro de cada grupo de cores, onde existem 7 subclasses ou qualidades que diferem de acordo com a quantidade e a natureza de matérias estranhas ou detritos presentes. Geralmente, os graus altos limpos são mais claros e mais brilhantes, enquanto os graus baixos sujos são mais escuros e mais baços, com menor brilho. No entanto, cada classe dentro de um grupo de cores também contém algumas ligeiras diferenças de croma ou de amarelo.
- Todos os algodões americanos Upland têm uma cor intrinsecamente branca, enquanto todos os algodões americanos - egípcios Pima têm uma cor intrinsecamente cremosa. Quanto aos algodões egípcios, têm uma gama muito ampla de cores intrínsecas que vão desde a cor extra branca até à cor creme escura. Entre estas, existem cores intrínsecas de branco claro, branco calcário, creme claro e creme.
- Por exemplo, as classes de cor dos algodões americanos Upland, ou seja, branco, manchado claro, manchado, tingido e manchado de amarelo, representam diferenças na cor extrínseca. É a cor que é desenvolvida no algodão pelo seu ambiente ou por outras causas externas, tais como intempéries, infestação por insectos e doenças, geada, seca, lixo e quaisquer outros contaminantes.
- As cores intrínsecas são as cores originais genuínas das variedades que são controladas geneticamente. Por conseguinte, as cores intrínsecas são, de facto, caracteres varietais que dependem fundamentalmente do genótipo de cada variedade.
- As diferenças ambientais e genéticas anteriores que afectam a cor da fibra de

algodão são evidentes no caso das variedades de algodão egípcio e dos seus graus, ou seja, Fully Good, Good, Fully Good Fair e Fully Fair. Quando existem variedades cremosas, também existem variedades brancas. E, por extensão, a variação entre graus de variedades específicas de algodão egípcio, ou seja, Giza90 e Giza95 com a mesma cor, deve-se a causas ambientais ou outras, como os algodões Upland americanos. Pelo contrário, a variação entre as variedades específicas de algodão egípcio, ou seja, Giza94 e Giza95, que têm cores diferentes, deve-se a factores genéticos.

Capítulo 2

2. Contexto dos parâmetros do algodão colorido

Os parâmetros de termos específicos da cor do algodão medidos no instrumento Nickerson Hunter e no instrumento HVI são Rd (reflectância difusa) e +b (amarelecimento). O uso de Rd e +b começou com as primeiras pesquisas de cor no algodão feitas por Nickerson e colegas, culminando em um instrumento para classificar o algodão usando Rd e +b em 1948 (Nickerson, 1931, 1950; Nickerson et al., 1950). As equações de Nickerson para Rd e +b são

$$Rd = 100Y \quad (1)$$

$$+b = 70fY(Y-0.847Z) \quad (2)$$

$$fY = 0.51[(21+20Y)/(1+20Y)], \quad (3)$$

Em que Y e Z são os parâmetros de cor tristimulus

Y e Z (iluminante C, observador a 2°).

2.1. Significado dos parâmetros de cor tristimulus

Um espaço de cor é um modelo matemático que mapeia as cores que podem ser reproduzidas por um dispositivo para um modelo de cor padrão, normalmente o modelo RGB. É uma coisa complexa que está por detrás do capô.

Um dos primeiros espaços de cor determinados matematicamente é o espaço de cor CIE XYZ 1931, criado pela CIE (Comissão Internacional de Iluminação) em 1931. O olho é tão bom como qualquer referência quando se constrói um espaço de cor. Porquê? Apesar de termos ecrãs que afirmam mostrar mil milhões de cores, o olho nunca consegue ver todas essas cores.

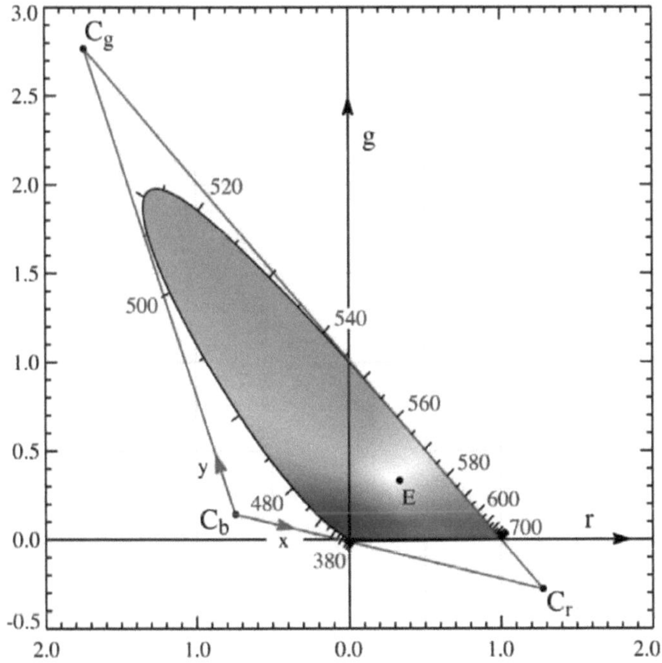

Utiliza três conceitos principais

- É baseado e derivado do modelo CIE RGB, que foi criado a partir de experiências reais

- Assume Y para representar a luminosidade, e Cb e Cr para suportar o ónus de representar todas as cores. É por vezes referido como o espaço de cor CIE xyY

- XYZ não é RGB. XYZ são extrapolações de RGB criadas matematicamente para evitar números negativos (em 1931 não existiam computadores) e são designadas por valores Tristimulus. Não é essencial compreender como são derivados os valores do espaço de cor CIE XYZ, mas é bom saber a informação seguinte:

- Um espaço de cor é de facto uma imagem 3D. Pense nele como um saco que contém guloseimas de cor

- A imagem bidimensional vista aqui é apenas uma secção transversal de todo o espaço de cor.

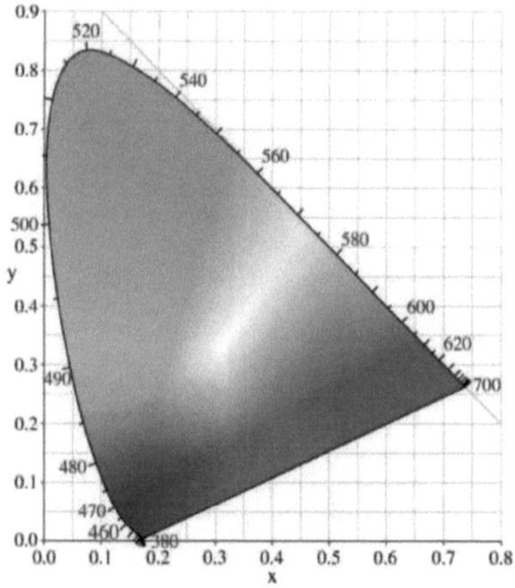

- Chama-se diagrama de cromacidade. O diagrama representa todas as cromaticidades visíveis para uma pessoa comum. A região de cor é designada por Gamut da visão humana. A borda curva é chamada de locus espetral e corresponde à luz monocromática, com comprimentos de onda listados em nanómetros.

- A linha reta é designada por linha dos roxos. Estas cores não têm contrapartida na luz monocromática. O branco está no centro (E). Não existem três pontos dentro da gama que formem um triângulo que inclua toda a gama da visão humana; ou, mais simplesmente, a gama da visão humana não é um triângulo.

Outros espaços de cor são também representados com diagramas de cromacidade semelhantes que facilitam ligeiramente a sua visualização em comparação com os outros.

Existem espaços de cor "mais pequenos" e de maior volume do que o CIE XYZ. Por isso, um diagrama bidimensional não deve ser usado exclusivamente para comparar vários espaços de cor. É possível que um espaço de cor tenha menos cores do que outro, mas ainda assim tenha cores que o espaço de cor "maior" não tem.

2.2. Kelly et al, (1943). Segundo o seguinte, o desenvolvimento do sistema de nomes de cores do InterSociety Color Council-National Bureau of Standards (ISCC-NBS), baseado nos padrões do Munsell Book of Color, tornou necessário especificar os padrões principais deste livro em termos fundamentais.

Assim, foram realizadas curvas de reflexão espetral para cada um dos 421 padrõesmestre no espetrofotómetro de registo da General Electric no National Bureau of Standards, utilizando larguras de fenda de aproximadamente 4 mil microns. Foram aplicadas várias correcções a estes dados espectrofotométricos, de acordo com os métodos habitualmente utilizados para este tipo de trabalho no Instituto. Foram então efectuados cálculos colorimétricos com estes dados, resultando em especificações tristimulares de acordo com o observador padrão e o sistema de coordenadas da ICI de 1931.

Foram utilizados quatro iluminantes: Os iluminantes ICI A e C, representativos da luz de lâmpada incandescente e da luz do dia média, respetivamente, o iluminante "D" (céu norte ligeiramente nublado) e o iluminante "S" (céu extremamente azul). São assim apresentadas as especificações colorimétricas das normas Munsell para os quatro iluminantes.

As coordenadas lineares triplas para os padrões Munsell calculados para o iluminante C da ICI foram traçadas em grandes diagramas de cromaticidade (x, y) e linhas de croma Munsell constantes foram desenhadas. (Valores semelhantes obtidos por Glenn e Killian no Massachusetts Institute of Technology em 1935 para padrões de cor Munsell com as mesmas designações de matiz-valor-croma foram também representados no diagrama e as diferenças entre os dois conjuntos de dados são discutidas). Estes diagramas servem como meio para determinar a notação Munsell e, consequentemente, o nome da cor ISCC-NBS para qualquer cor cujas coordenadas tri lineares e reflectância aparente sejam dadas.

Os métodos de medição e de cálculo foram as curvas de reflexão espetral de todas as amostras indicadas e enumeradas no quadro 2, efectuadas no espetrofotómetro de registo General Electric do National Bureau of Standards. As amostras foram analisadas em relação ao óxido de magnésio (Letter Circular NBS LC547,1939) com fendas de aproximadamente 4 m/x e numa gama de comprimentos de onda de 400 a 750 nu*. As amostras foram cobertas com papel preto para estas medições. Foram executadas curvas de calibração em cada folha, permitindo aplicar correcções aos dados para erros de comprimento de onda, para desvios de 100 por cento e de curva zero, e para o envelhecimento da superfície de comparação do óxido de magnésio, de acordo com métodos regularmente utilizados no National Bureau of Standards (Gibson e Keegan, 1938, Gibson, 1940).

Como já foi referido, os cálculos colorimétricos foram efectuados para quatro iluminantes diferentes. Os iluminantes A e C da ICI tornaram-se bem estabelecidos no trabalho colorimétrico. O iluminante A é o radiador Plankiano ou corpo negro a 2,842° K

((72=14,320 microns-graus, ou 2,848° K com C2 = 14,350); as temperaturas de cor dos iluminantes incandescentes comuns variam de cerca de 2,600° a cerca de 3,100° K. O iluminante O é o produzido por uma fonte a 2,842° K combinada com um certo filtro líquido Davis-Gibson para a luz do dia (Davis e Gibson, 1931).

Com base nas "excitações OSA" (utilizadas na conceção dos filtros Davis-Gibson), a cor resultante corresponde à de um radiador Plankian a 6 500° K. Com base nos dados da ICI, a temperatura de cor aproximada desta combinação lâmpada-filtro é de 6 800° K. A cor e a distribuição da energia espetral do iluminante C da ICI correspondem satisfatoriamente às do céu nublado ou da luz do dia média para utilização colorimétrica. O iluminante "D" é produzido por um iluminante a 3 000° K combinado com um filtro de vidro de luz do dia Macbeth (Corning) que dá uma temperatura de cor de aproximadamente 7 500° K. A cor do iluminante "D", considerada a cor óptima para a calibragem do algodão, está também a ser amplamente utilizada para a calibragem agrícola e para a correspondência de cores têxteis. A sua cor corresponde de perto à do céu norte ligeiramente nublado mais desejado para esse tipo de trabalho. O iluminante "S" foi concebido como o ponto final azul para uma série de iluminantes que representam a gama de céu totalmente nublado a céu maximamente limpo. Foi concebido através da ponderação dos dados de energia "sol-fora-atmosfera" de Abbots pela relação inversa de dispersão X4. O iluminante "S" foi designado como "céu azul limite".

Os dados colorimétricos das amostras Munsell para o iluminante C da ICI, representativo da luz do dia média, são de interesse primário e os cálculos foram efectuados tanto no National Bureau of Standards como no Departamento de Agricultura dos EUA. Os cálculos para os outros três iluminantes foram efectuados no Departamento de Agricultura. Todos os cálculos no Departamento de Agricultura foram efectuados utilizando cartões Hollerith e perfurando automaticamente as somas obtidas pelo método de digitação progressiva. Os autores estão em dívida para com Lila F. Knudsen, estatística matemática da Food and Drug Administration, por ter sugerido este método rápido de cálculo (Knudsen, 1942). Todos os cálculos foram efectuados pelo método das ordenadas ponderadas.

As distribuições espetro-energéticas dos quatro iluminantes são mostradas na figura abaixo, dados os dados tristimulares para o espetro de cada um dos quatro iluminantes utilizados nos cálculos de Xj F, Z e x, y> z.

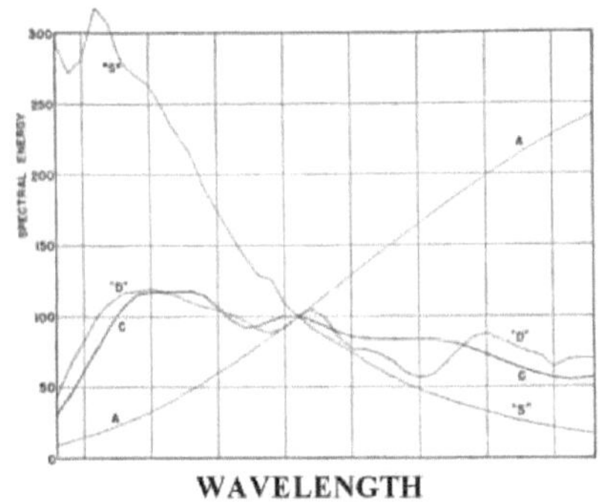

Distribuições de energia espetral dos quatro iluminantes utilizados na derivação dos dados colorimétricos dos padrões Munsell. Iluminante ICI a, 2.842° K, representativo dos iluminantes incandescentes. Iluminante ICI c, representativo da luz do dia média. Iluminante "D", representativo de um céu ligeiramente nublado. Iluminante "8", representativo de "céu azul limite".

Os dados colorimétricos são os valores de X, Y, Z, x e y para todas as amostras e para os quatro iluminantes, como explicado acima, juntamente com as notações Munsell, H V/C (matiz, valor e croma), e o número de pintura Munsell para cada amostra; os valores para os neutros estão no final da tabela. Os valores de z são omitidos, uma vez que z=l- x-y.

Os valores das coordenadas trilineares, x e y, para o iluminante ICI C, são representados nas figuras 2 a 8 para os valores Munsell 2 a 8, respetivamente. Os valores de x e y para o iluminante ICI (7 e, por conseguinte, para o óxido de magnésio e para qualquer outra amostra não selectiva do ponto de vista espetral, são dados em cada diagrama em £=0,3101,?/=0,3163. Os valores de x e y para as amostras Munsell obtidas no National Bureau of Standards são representados por pontos circulados. Os dados obtidos por Glenn e Killian (Nickerson et al, 1940) no Massachusetts Institute of Technology em 1935 são representados como pontos não circulados para comparação com os dados actuais. Quando os dois pontos de uma amostra coincidem, a combinação é representada como um ponto circulado com uma linha curta; em muitos casos, para evitar confusão, os dois pontos são unidos por uma linha fina.

HVI COLOR GRADES FOR AMERICAN PIMA COTTON

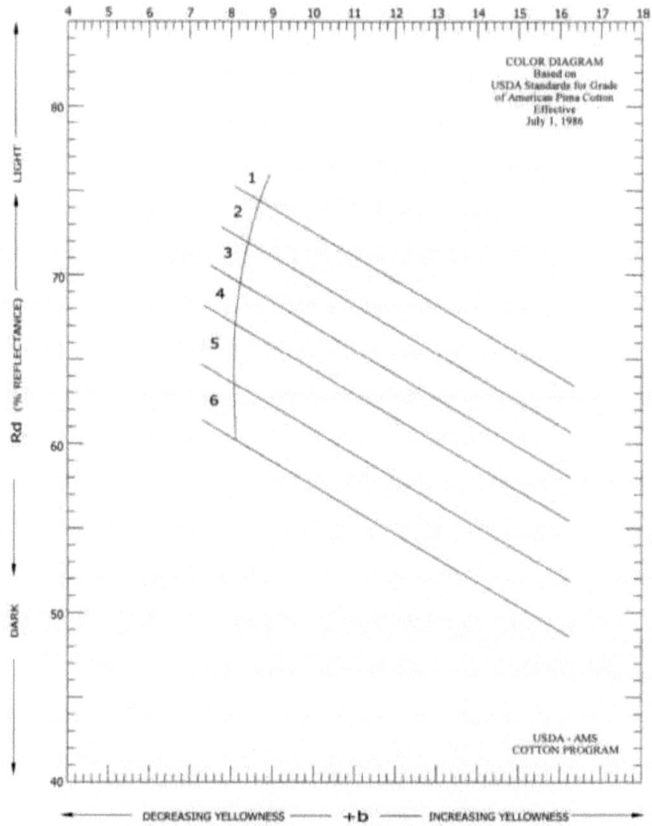

HVI COLOR GRADES FOR AMERICAN UPLAND COTTON

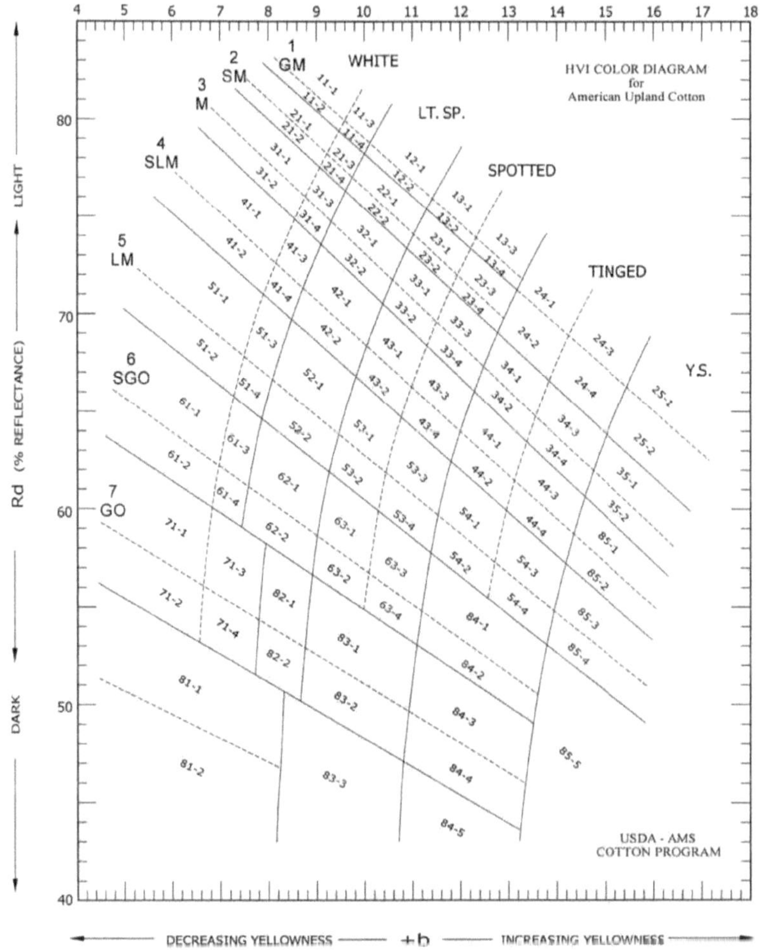

Capítulo 3

3. Artigos relevantes

3.1. Melhoria da classificação das cores do algodão (2004)

O Programa de Algodão do USDA está atualmente a trabalhar em quatro iniciativas de melhoria da classificação da cor do algodão. A primeira iniciativa é começar a relatar a medição da cor Rd com uma casa decimal. A segunda iniciativa é preparar a mudança para o grau de cor baseado em colorímetro para a classificação do algodão Pima.

A terceira iniciativa envolve tanto a avaliação como a implementação de novas tecnologias de medição de cor que estão atualmente disponíveis em instrumentos comerciais. A quarta iniciativa é tornar os níveis de medição de cor da classificação do algodão de Rd e +b rastreáveis ao padrão de cor reconhecido mantido pelo National Institute of Standards and Technology (NIST).

Espera-se que os rápidos progressos registados nestas iniciativas tragam melhorias significativas nos próximos anos para a classificação e normalização do algodão colorido.

Iniciativas de melhoria

- Aumentar a precisão da Rd

Na classificação, ambas as medições de cor de Rd e +b são calibradas com a precisão de uma casa decimal. No entanto, embora o +b tenha sido sempre indicado com uma casa decimal no registo de classificação, o Rd foi sempre indicado com o número inteiro arredondado. É verdade que a medição +b é mais reprodutível para uma dada tolerância do que a medição Rd.

No entanto, devido aos avanços na tecnologia dos colorímetros e às melhorias nos procedimentos de calibração e de garantia de qualidade, as percentagens de reprodutibilidade das medições de Rd e +b aumentaram de 80 para 90 nos últimos dez anos. Para a época de classificação de 2003, a reprodutibilidade global da classificação de cor Rd e +b do USDA foi de 94% (dentro de ±1,0%) e 95% (dentro de ±0,5%), respetivamente. Estes valores representam a reprodutibilidade das amostras de controlo testadas nos gabinetes de classificação e depois novamente testadas no departamento de garantia da qualidade, sediado em Memphis . Tendo em conta estas elevadas percentagens de reprodutibilidade, é evidente que a primeira casa decimal da medida Rd é significativa e pode, por conseguinte, acrescentar precisão informativa.

O Programa do Algodão começará a reportar a Rd com uma casa decimal em todos os dados de classificação de Upland e Pima. A adição de uma casa decimal à medida de Rd exigirá a expansão das tabelas de pesquisa de grau de cor para Upland e Pima. As tabelas de pesquisa de graus de cor baseiam-se nas tabelas de diagramas de cores do USDA, que servem de base para converter as medições de Rd e +b no grau de cor adequado.

A Figura 1 é o diagrama de cores atual utilizado para o algodão Upland. As tabelas de pesquisa de cores são tabelas numéricas que fornecem graus de cor para cada combinação de Rd e +b na carta de cores. As tabelas de consulta são necessárias para permitir a determinação do grau de cor por computador.

Atualmente, a tabela Upland tem 6.486 pontos de conversão com Rd para o número inteiro. Ao adicionar uma casa decimal à medida Rd, a tabela será ampliada por um fator de dez. Ao adicionar a casa decimal Rd, está a ser dada prioridade à manutenção do nível de classificação do grau de cor, que se baseia nos Universal Cotton Color Grade Standards. Após a expansão da tabela, os dados das colheitas anteriores serão avaliados na tabela expandida para garantir que a distribuição dos graus de cor permaneça tão constante quanto possível da tabela antiga para a nova.

- Grau de cor Pima com base em instrumentos

A classificação da cor Pima é atualmente determinada pelo classificador. Desde 1998, o grau de cor Upland tem sido classificado com sucesso por instrumento. Tal como a reprodutibilidade da cor Upland Rd e +b, a reprodutibilidade da cor Pima tem aumentado ao longo dos anos. A reprodutibilidade da cor Pima para a safra de 2003 foi equivalente à reprodutibilidade da cor Upland Rd e +b em 94% e 95%, respetivamente. A tabela de pesquisa do grau de cor Pima está atualmente a ser revista para permitir uma melhor concordância com o classificador e para acrescentar uma casa decimal à medida Rd. Durante a época de classificação de 2004, será avaliada a tabela de comparação Pima revista. Se o grau de cor baseado no classificador e no instrumento estiver de acordo, o USDA incentivará a indústria do algodão Pima a adotar o grau de cor baseado no instrumento para o algodão Pima.

- Novas tecnologias de medição da cor

Atualmente, todos os colorímetros HVI utilizados na classificação do USDA são iguais. Os componentes básicos dentro do colorímetro incluem duas lâmpadas incandescentes e dois detectores de fotodiodo. Rd e +b são medidos através da medição da cor da luz refletida pela amostra de algodão quando colocada sobre a janela de observação de nove polegadas quadradas do colorímetro. A próxima geração de instrumentos de colorímetro utilizará iluminação de flash de xénon.

A iluminação de flash de xénon foi avaliada pelo Programa Cotton e foi considerada como fornecendo mais estabilidade nas medições de cor. Como resultado, são necessárias menos calibrações para manter um nível constante. A incorporação dos novos colorímetros na classificação do USDA terá início na época de classificação de 2004. Em 2003, o Programa do Algodão adquiriu dois Isotesters da Schaffner Technologies para avaliar e desenvolver para uso potencial na classificação do algodão. A configuração atual dos Isotesters fornece medições de cor, lixo e casca/grama.

A análise de imagem digital é utilizada para todas essas medições e oferece muitas vantagens potenciais sobre a tecnologia do colorímetro. No caso da cor, os efeitos da cor da partícula de impurezas podem ser excluídos, resultando na medição da cor apenas da parte da amostra que contém o línter. Uma vantagem adicional do sistema Isotester é uma grande área de medição de 28 polegadas quadradas. Isso contrasta com a área de medição de 9 polegadas quadradas utilizada nos colorímetros tradicionais. O trabalho está em curso e continuará no desenvolvimento dos instrumentos Isotester para instrumentos prontos para classificação.

- Tornar Rd e +b na classificação do algodão rastreável ao NIST

A calibração de todos os colorímetros do Programa Cotton é conseguida através da utilização de conjuntos de mosaicos de calibração contendo cinco mosaicos de cores. Estes azulejos são designados por azulejos castanhos, amarelos, cinzentos, brancos e centrais. O estabelecimento do valor dos mosaicos de cor é efectuado num colorímetro mestre mantido pelo Departamento de Normalização e Engenharia do Programa Cotton em Memphis, Tennessee.

O instrumento do colorímetro mestre utiliza o mesmo tipo de colorímetro encontrado nos últimos modelos de sistemas HVI da Uster. Desde a década de 1950, o Cotton Program tem mantido a referência para a classificação de cores de algodão Rd e +b. O nível do instrumento mestre é mantido com o uso de vários conjuntos de referência de blocos de cores, além de um conjunto de padrões de algodão de grau de cor armazenados a 0° F.

A manutenção de um nível constante de Rd e +b de ano para ano é essencial para garantir a comercialização e utilização consistentes do algodão. Mais especificamente, a consistência nos padrões de grau de cor do algodão e um nível constante de classificação de cor do algodão, não apenas ao longo do tempo, mas entre vários locais de classificação, é da mais alta prioridade na manutenção do padrão de cor. O National Institute of Standards and Technology (NIST) é responsável pela manutenção de muitos padrões de referência de medição.

Entre essas normas encontram-se as normas de cor que fornecem rastreabilidade para instrumentos certificados como sendo rastreáveis pelo NIST. Os colorímetros de algodão, nem os padrões utilizados para a sua calibração, foram alguma vez certificados como rastreáveis ao NIST, dadas as caraterísticas únicas da medição da cor do algodão. Algumas dessas caraterísticas incluem alterações na medição da cor em função da pressão mecânica aplicada à amostra durante a medição, do teor de folhas no algodão, da cor não uniforme da fibra, dos efeitos da preparação, etc. Está em curso um projeto de cooperação entre o Cotton Program, o USDA, o Agricultural Research Service e a Cotton Incorporated para referenciar as medições de classificação de algodão Rd e +b aos padrões de referência de cor do NIST.

A primeira fase deste projeto envolve a utilização de, pelo menos, seis instrumentos espectrofotométricos de cor rastreáveis do NIST. Estes seis instrumentos estão localizados em vários laboratórios nos EUA e, possivelmente, num laboratório localizado fora dos EUA. Dois conjuntos de azulejos de calibração de colorímetro de algodão serão testados nos espectrofotómetros para avaliar a concordância entre instrumentos. Se for obtido o nível de concordância necessário, será estabelecido um nível rastreável NIST para Rd e +b para os mosaicos de cores.

A segunda fase do projeto consistirá então em desenvolver uma relação entre o nível NIST e o nível de classificação de Rd e +b. É provável que os níveis sejam diferentes, uma vez que o nível de classificação não está referenciado ao NIST. Dada a utilização do nível de classificação de Rd e +b na comercialização do algodão e como um fator estabelecido na determinação do desempenho das fábricas, o nível há muito estabelecido de Rd e +b na classificação do algodão não pode e não será alterado. Se uma forte relação matemática puder ser desenvolvida entre os dois níveis, a relação será utilizada para manter o nível de cor da classificação constante em relação ao nível NIST.

- Conclusão

O objetivo das quatro iniciativas de melhoria discutidas neste relatório é fornecer medições de cor aprimoradas para a classificação de cor do algodão. À medida que mais e mais países produtores de algodão adotam a classificação de cor do algodão por instrumentação em vez do classificador humano, a necessidade de medições mais precisas possíveis com rastreabilidade a padrões de referência reconhecidos internacionalmente é crítica. O Programa de Algodão do USDA está comprometido com a realização dessas iniciativas.

3.2. Expressão dos graus de pluma em termos de valores numéricos no algodão egípcio. (2009)

O presente estudo foi realizado como uma tentativa de desenvolver o sistema clássico de classificação manual atualmente em uso no Egito. A intenção é fornecer uma determinação precisa e fiável da qualidade do algodão em termos de valores numéricos, utilizando os três principais factores determinantes do grau da fibra medidos no HVI. Esses factores são o brilho da cor (Rd %), a leitura do micronaire, que indica basicamente a maturidade da fibra, e o código do grau de sujidade, que indica o teor de sujidade. O índice de cor e o fator de qualidade foram desenvolvidos para serem utilizados como expressões numéricas do grau e da qualidade do algodão.

Além disso, o estudo foi realizado como uma tentativa de desenvolver o sistema clássico de classificação manual atualmente em uso no Egito e em alguns outros países do mundo. O principal objetivo é evitar a grande incoerência e imprecisão da determinação da classificação por diferentes classificadores, que diferem sobretudo no que diz respeito às suas competências, experiência e caprichos ou preconceitos humanos. Por conseguinte, parece racional exprimir o grau do fio em termos de valores numéricos, utilizando os resultados dos principais factores determinantes do grau medidos no High Volume Instrument (HVI). Esses factores são a leitura do micronaire (que denota essencialmente a maturidade da fibra de algodão dentro de uma variedade); a claridade ou escuridão da cor expressa em percentagem de reflectância (Rd %), o grau de amarelecimento (+b) e o código do grau de impureza.

Os resultados obtidos neste estudo esclareceram que o índice de cor se correlacionou positiva e significativamente com o grau da fibra apenas no caso do algodão de cor branca. O fator grau, por outro lado, correlacionou-se positiva e significativamente com o grau do algodão, tanto nas variedades de algodão egípcio de cor branca como nas de cor creme.

Em conclusão, o índice de cor (apenas no caso dos algodões de cor branca) e o fator de qualidade (tanto para os algodões de cor branca como para os de cor creme) podem ser utilizados de forma satisfatória para exprimir a qualidade do algodão egípcio em termos de valores numéricos. Nesse caso, seria mínima a dependência do grau do classificador como indicação descritiva da qualidade do algodão. De facto, sabe-se que o grau do classificador está sujeito a inconsistências e contradições devido às diferenças entre classificadores no que respeita às suas competências, experiência e caprichos ou preconceitos humanos.

O índice de cor foi expresso como a relação entre o brilho da cor (Rd%) e o grau de amarelecimento (+b). Por outro lado, a equação: brilho da cor (Rd%) X leitura micronaire / código do grau do lixo foi utilizada para derivar o valor do "Fator de grau", (Kamal e Ragab, 1995).

Os materiais utilizados neste estudo incluíram as 4 variedades comerciais de algodão egípcio Giza80, Giza 86, Giza 88 e Giza 90. Todas estas variedades pertencem à categoria Long Staple, exceto a Giza 88, que pertence à categoria ExtraLong Staple, de acordo com a prática local no Egito. De cada variedade, foi utilizada uma vasta gama de qualidades de fibra, desde Bom / Totalmente Bom (G/FG) até Totalmente Razoável (FF).

As variedades mencionadas anteriormente e os seus graus foram retirados da época de 2008 e cada amostra de grau foi representada por 4 réplicas. Para facilitar os procedimentos estatísticos, os graus foram convertidos em códigos numéricos de acordo com Kamal e Ragab (1995), como se segue.

Grade	Code
Good/Fully Good(G/FG)	15
Good (G)	13
Fully Good Fair/ Good (FGF/G)	11
Fully Good Fair (FGF)	9
Good Fair/ Fully Good Fair (GF/FGF)	7
Good Fair (GF)	5
Fully Fair/ Good Fair (FF/GF)	3
Fully Fair (FF)	1

O sistema HVI foi utilizado para determinar os atributos de cor de Rd% e +b, a leitura do micronaire e o código do grau de lixo. O grau de impureza é numerado de 1 a 7, cada um mostrando um nível de impureza crescente com o aumento do número de código. A lista abaixo mostra o grau de impureza dos tipos de algodão branco americano (USDA, 1984):

Grade	Code	HVI Trash Grade
GM	(11)	1
SM	(21)	2
Mid	(31)	3
SLM	(41)	4
LM	(51)	5
SGO	(61)	6
GO	(71)	7
BG	(81)	8

<u>Os resultados e a discussão incluíram o seguinte</u>

- Relação do grau de fibra com a maturidade da fibra, atributos de cor e teor de impurezas:

Os dados mostrados na tabela 1 indicam claramente que houve uma tendência de queda nos valores da leitura do micronaire, que se refere à maturidade da fibra, e do brilho da cor (Rd %) com a redução do grau do algodão. Essa relação positiva entre a maturidade da fibra e o brilho da cor com o grau foi confirmada pelos coeficientes de correlação altamente significativos obtidos em todas as variedades estudadas. Por outro lado, houve um padrão consistente de aumento nos valores do código do grau de descarte com a diminuição do grau. Assim, os coeficientes de correlação entre o teor de impurezas e o grau foram significativamente negativos em todas as variedades envolvidas no estudo.

No que respeita ao grau de amarelecimento (+b), verificou-se uma tendência geral de aumento dos valores desta caraterística com a diminuição do grau na variedade de cor branca Giza 86. Pelo contrário, as outras 3 variedades de cor creme, Giza 80, Giza 88 e Giza 90, apresentaram um padrão inverso, em que os seus valores de grau de amarelecimento (+b) tenderam a diminuir à medida que o grau diminuía. Assim, os coeficientes de correlação entre +b e o grau foram significativamente negativos no caso da variedade Giza 86 (de cor branca) e significativamente positivos no caso das variedades Giza 80, Giza88 e Giza90 (de cor creme).

No entanto, a diminuição da maturidade da fibra de algodão com o abaixamento do grau pode ser atribuída ao facto de os graus baixos serem essencialmente compostos por cápsulas formadas tardiamente, que estão na sua maioria sujeitas a uma infestação severa de vermes da cápsula e outros insectos e doenças. Além disso, essas cápsulas desenvolvem-se e amadurecem em condições ambientais inadequadas que prevalecem normalmente no final da estação de crescimento. A senescência das plantas também contribuiria para o fraco desenvolvimento dessas cápsulas. Por conseguinte, as fibras produzidas por essas cápsulas seriam, em princípio, imaturas.

A correlação positiva entre o brilho da cor e o grau do algodão pode ser atribuída ao elevado teor de lixo do algodão de baixo grau. A presença de um elevado teor de lixo, juntamente com as manchas pretas, castanhas e amarelas induzidas pela ação de insectos e doenças no algodão de qualidade inferior, faria com que este perdesse o seu brilho e se tornasse escuro e baço. No entanto, Lord (1961) confirmou esta conclusão, afirmando que os algodões limpos de alto grau são os mais claros e com maior brilho e os sujos de baixo grau são mais escuros e com menor brilho. Afirmou ainda que o brilho muda substancialmente da categoria mais alta para a mais baixa, em grande parte devido à alteração do teor de impurezas e, em parte, devido às pequenas alterações concomitantes na cor das fibras efectivas.

A forte relação inversa entre o grau do algodão e o teor de resíduos é atribuível ao facto bem reconhecido de que o algodão de baixo grau é normalmente colhido no final da estação. Nessa altura, a folhagem das plantas, incluindo as folhas, os caules, as brácteas e a casca, torna-se seca e quebradiça. Assim, as partículas de folhagem vegetal seca podem facilmente aderir às fibras do algodão em caroço e, depois do descaroçamento, ao algodão em pluma. Para além dos resíduos de folhagem vegetal, o algodão de qualidade inferior contém também uma grande quantidade de areia, poeira, partículas e partes de sementes esmagadas.

Como já foi relatado anteriormente, verificou-se que o grau de amarelecimento (+b) e o tipo de algodão se correlacionam positivamente nas variedades de cor creme (Giza 80, Giza 88 e Giza 90) e negativamente na variedade de cor branca Giza 86. Por conseguinte, pode afirmar-se que os algodões de cor creme tendem a apresentar uma tendência para diminuir o croma ou o grau de amarelecimento à medida que o grau diminui. Em contrapartida, no algodão de cor branca, o grau de amarelecimento tende a aumentar com a diminuição do grau.

- Expressão do grau do algodão em pluma em termos de valores do índice de cor

O índice de cor é expresso numericamente como o rácio:

Brilho da cor (Rd %) / Grau de amarelecimento (+b)

Assim, o valor mais alto do índice de cor seria obtido do algodão com o maior brilho de cor (Rd %) e o menor grau de amarelamento (+b). Da mesma forma, o menor valor de índice de cor é obtido para o algodão de cor escura e opaca, ou seja, com o menor valor de brilho (Rd%) e o maior grau de amarelamento (+b).

No entanto, os dados registados no quadro 2 indicam claramente que o único coeficiente de correlação positivo e significativo entre o índice de cor e o grau de fiapos foi detectado apenas no caso da variedade de cor branca Giza86. Por outro lado, esta correlação foi insignificante no caso das 3 variedades de cor creme Giza80, Giza88 e Giza90. Consequentemente, pode-se concluir que, no algodão de cor branca, os valores do índice de cor tendem a diminuir progressivamente à medida que o grau diminui, enquanto que, nos algodões de cor creme, não há um padrão consistente de mudança nos valores do índice de cor com a diminuição do grau (Tabela 2).

No entanto, Kamal e Ragab (1995) obtiveram resultados semelhantes e concluíram que índice de cor parece ser um critério suficiente para definir o grau e a qualidade dos tipos de algodão de cor branca, enquanto parece não ser incisivo e não ser fiável nas variedades de algodão de cor creme.

Com base nos valores do índice de cor apresentados na tabela 2, são propostas as seguintes classes de índice de cor apenas para os tipos de algodão de cor branca. As classes são ordenadas em sucessão, começando com (A) para a classe mais alta e terminando com (J) para a classe mais baixa, de acordo com Kamal e Ragab (1995).

Class designation	Color index values
A	9.1 or more
B	8.6 – 9.0
C	8.1 – 8.5
D	7.6 – 8.0
E	7.1 – 7.5
F	6.6 – 7.0
G	6.1 – 6.5
H	5.6 – 6.0
I	5.1 – 5.5
J	5.0 or below

É particularmente preocupante notar que não houve uma concordância total entre a designação da classe de cor e a classificação do classificador, o que significa que não houve um padrão consistente de diminuição dos valores do índice de cor à medida que a classificação do classificador diminuía até ½ da classificação. Por conseguinte, seria de esperar que alguns graus sucessivos dos classificadores tivessem a mesma designação de índice de cor. Os dois classificadores consecutivos de grau FF/GF e FF são um exemplo (Quadro 2). Esta constatação implica que essas duas classificações são, na realidade, de qualidade comparável, apesar de diferirem até ½ de um grau, de acordo com a avaliação subjectiva dos classificadores de algodão.

- Expressão do grau do algodão em pluma em termos de valores do fator de grau;

Os valores do Fator de Classificação são calculados numericamente a partir da equação:

Brilho da cor (Rd %) x Leitura do micronaire / Código do tipo de lixo

A formulação desta equação indica que o valor mais elevado do fator de qualidade seria obtido a partir do brilho ou da luminosidade mais elevados da cor (Rd %), da leitura mais elevada do micronaire (maturidade da fibra), combinados com o código de qualidade mais baixo (teor de impurezas). Em contrapartida, o valor mais baixo do fator de qualidade seria obtido a partir do menor brilho da cor (cor escura ou baça), da menor leitura do micronaire e do código de qualidade mais elevado do lixo.

Os dados apresentados no quadro 2 revelam que houve um declínio óbvio nos valores do fator de classificação à medida que a classificação do classificador diminuía. Este padrão verificou-se em todas as 4 variedades em estudo, independentemente da cor dessas variedades, ou seja, se têm uma cor branca ou cremosa. No entanto, os coeficientes de correlação positivos e altamente significativos entre o grau de qualidade da fibra e o fator de qualidade em todas as variedades estudadas indicam que quanto mais baixo for o grau de qualidade da fibra, mais baixo será o valor do seu fator de qualidade, tendo em conta que o grau de qualidade baixo terá um brilho de cor inferior, uma maturidade da fibra inferior e um teor de impurezas superior. Pelo contrário, o grau de fiapos mais elevado teria um valor de fator de qualidade mais elevado devido ao seu maior brilho de cor, maior maturidade da fibra e menor teor de resíduos.

Vale a pena mencionar, no entanto, que para qualquer tipo de fibra, dentro de qualquer variedade de algodão, houve diferenças distintas nos valores do fator de qualidade para esse tipo de fibra nas diferentes variedades. A esse respeito, é bastante interessante notar que a variedade de cor branca Giza86 provou ter valores muito mais altos de fator de qualidade para seus graus de fibra do que os graus de fibra correspondentes das três variedades de cor creme Giza80, Giza88 e Giza90. Além disso, os valores do fator de qualidade entre os algodões de cor creme não revelaram diferenças acentuadas, independentemente do facto de, de acordo com a prática local no Egito, o Giza88 pertencer à categoria de fibras extra-longas, enquanto o Giza80 e o Giza90 pertencem à categoria de fibras longas. Assim, as classes de factores de qualidade propostas para as variedades de algodão de cor branca seriam nitidamente diferentes das dos algodões de cor creme no que respeita à gama de valores do fator de qualidade de cada classe.

No entanto, as classes de factores de qualidade propostas para cada um dos algodões brancos e de cor creme são as seguintes

Valores do fator de grau

Class Designation	White colored cottons	Creamy colored cottons
A	More than 130.0	More than 60.0
B	110.1 – 130.0	50.1 – 60.0
C	90.1 – 110.0	40.1 – 50.
D	70.1 – 90.0	30.1 – 40.0
E	50.1 – 70.0	20.1 – 30.0
F	30.1 – 50.0	10.1 – 20.0
G	30.0 or below	10.0 or below

A classe (A) é a classe mais elevada e as outras são progressivamente inferiores, terminando com a classe (G) como a classe mais baixa. No entanto, deve referir-se que o intervalo de classe para o algodão de cor branca é de 20 unidades de fator de qualidade, enquanto o intervalo de classe para os algodões de cor creme é de apenas 10 unidades. Esta diferença pronunciada nos intervalos de classe é atribuível ao facto de a gama de unidades de fator de grau no caso da variedade de algodão branco Giza86 ser marcadamente mais elevada do que a gama nas variedades de cor creme Giza80, Giza88 e Giza90 (Quadro 2).

É também digno de nota o facto de, em todas as 4 variedades estudadas, alguns graus sucessivos de classificador serem incluídos na mesma classe de fator de qualidade. Isto significa que uma diferença de até ½ grau do classificador ou mesmo de um grau completo do classificador não provocaria uma alteração significativa na qualidade real do algodão do ponto de vista da avaliação do fator de qualidade. Esses graus teriam muito provavelmente uma eficiência de transformação e um desempenho de fiação comparáveis. Assim, a qualidade do produto final desses graus seria maioritariamente e eventualmente semelhante.

Em conclusão, parece que a expressão numérica da qualidade do algodão em termos de valores do fator de qualidade proporcionaria uma determinação exacta e fiável da qualidade real do algodão em pluma. Nesse caso, a confiança no grau do classificador como indicação qualitativa da qualidade do algodão seria mínima. A este respeito, deve mencionar-se que se sabe que a classificação do classificador está sujeita a uma grande dose de inexatidão e imprecisão devido às diferenças entre classificadores de algodão no que respeita às suas competências, experiência e caprichos ou preconceitos humanos.

Tabela (1) Valores médios de leitura de micronaire, brilho da cor (Rd %), grau de amarelecimento (+b) e código de grau de lixo HVI, juntamente com os respectivos coeficientes de correlação simples com o grau de pluma em 4 variedades de algodão egípcio

Lint grade	Micronaire reading				Color brilliance (Rd %)			
	Giza80	Giza86	Giza88	Giza90	Giza80	Giza86	Giza88	Giza90
G / FG	4.5	4.6	4.5	3.9	62.0	75.9	64.0	64.8
Good	4.2	4.5	4.2	3.8	60.0	70.9	62.3	63.4
FGF / G	3.4	4.4	3.5	3.6	59.1	65.0	59.5	59.9
FGF	3.3	4.1	3.3	3.4	57.2	60.3	59.6	58.5

GF/ FGF	3.1	4.0	3.2	3.2	58.2	58.1	60.1	57.8
GF	2.8	3.8	2.9	3.0	56.1	56.5	58.1	57.9
FF / GF	2.7	3.7	2.8	3.0	54.2	52.9	56.9	54.7
FF	2.6	3.5	2.6	2.8	53.2	52.1	54.1	52.8
Mean	3.3	4.1	3.4	3.3	57.5	61.5	59.3	58.5
Correlation (r)	0.964***	0.966***	0.958***	0.974***	0.946***	0.964***	0.923***	0.941***
Lint grade	Degree of yellowness (+b)				HVI trash grade code			
	Giza80	Giza86	Giza88	Giza90	Giza80	Giza86	Giza88	Giza90
G / FG	12.6	9.4	12.8	12.6	4.0	2.0	3.3	4.0
Good	12.4	9.5	12.4	12.1	4.6	4.0	4.0	4.3
FGF / G	11.9	9.5	12.5	11.7	5.0	5.3	5.0	5.0
FGF	11.5	9.5	12.2	11.5	5.3	6.0	5.6	7.0
GF/ FGF	11.5	9.9	11.9	11.4	6.3	6.3	6.3	7.3
GF	11.5	10.4	11.2	11.0	7.6	7.0	7.3	8.0
FF / GF	11.2	10.7	11.8	11.2	8.0	7.6	7.6	8.0
FF	11.2	10.7	11.5	11.1	8.0	8.0	8.0	8.0
Mean	11.7	9.9	12.0	11.6	6.1	5.7	5.9	6.4
Correlation (r)	0.853***	***-0.893	0.816***	0.909***	***-0.953	***-0.935	***-0.951	***-0.915
Significant at 0.05 level = * Significant at 0.01 level = ** Significant at 0.001 level = ***								

Tabela (2) Valores médios do índice de cor e do fator de qualidade, bem como os respectivos coeficientes de correlação simples com o grau de pluma em 4 variedades de algodão egípcio

Lint grade	Color index				Grade factor			
	Giza80	Giza86	Giza88	Giza90	Giza80	Giza86	Giza88	Giza90
G / FG	4.9	8.1	5.0	5.1	69.7	174.6	87.3	63.2
Good	4.8	7.5	5.0	5.2	54.7	79.8	65.4	56.0
FGF / G	4.9	6.8	4.8	5.1	40.2	53.9	41.6	43.1
FGF	4.9	6.3	4.9	5.1	35.6	41.2	35.1	28.4
GF/ FGF	5.1	5.9	5.0	5.1	28.6	36.9	30.5	25.3
GF	4.8	5.4	5.2	5.3	20.6	30.7	23.1	21.7
FF / GF	4.8	4.9	4.8	4.9	18.3	25.7	20.9	20.5
FF	4.7	4.9	4.7	4.7	17.3	22.8	17.6	18.5
Mean	4.9	6.2	4.9	5.0	35.6	58.2	40.2	34.5
Correlation (r)	0.072	0.987***	0.331	0.584	0.971***	0.812**	0.922***	0.939***

Significant at 0.05 level = *　　Significant at 0.01 level = **　　Significant at 0.001 level = ***

3.3. Exploração da validade da utilização de diferentes aspectos dos atributos de cor para sinalizar e indicar o grau de fiapos dos algodões egípcios.(2013)

O presente estudo foi realizado com o objetivo de explorar a possível validade da utilização de diferentes atributos de cor das fibras de algodão, individualmente ou em combinações, para fornecer uma caraterização e identificação precisas e fiáveis do grau de fibra do algodão egípcio. O objetivo é desenvolver e atualizar o antigo sistema convencional de classificação do algodão atualmente em uso no Egito e em muitos outros países.

Os materiais utilizados no estudo incluíram as 6 variedades de algodão egípcio Giza 70, Giza 80, Giza 86, Giza 88, Giza 90 e Giza 92. De cada uma dessas variedades, foram considerados no estudo 6 graus de algodão em pluma, variando de Bom, Razoável (GF) a Bom/ Totalmente Bom (G/FG), em incrementos de grau V. Cada amostra de grau foi representada por 6 réplicas.

Os resultados do estudo esclareceram que, devido aos seus atributos de cor, tanto a Giza 86 como a Giza 92 provaram ter a cor branca mais clara entre as variedades de algodão egípcio, enquanto que, pelo contrário, a Giza 80 e a Giza 90 tinham uma cor creme escura.

O Giza 70 tinha uma cor branca calcária, ou seja, a sua brancura é inferior à do Giza 86 ou do Giza 92, enquanto o Giza 88 tinha uma cor cremosa. Além disso, verificou-se que a luminosidade (Rd %) parece ter a maior influência do que qualquer outro atributo de cor no grau do algodão. De facto, a luminosidade expressa em percentagem de reflectância (Rd%) superou evidentemente todos os outros atributos de cor no que diz respeito às suas correlações com o grau do algodão em fibra e às suas contribuições para a variação do grau das variedades de algodão egípcio branco ou de cor creme.

Concluiu-se, portanto, que a luminosidade per se, expressa em percentagem de reflectância (Rd %), poderia ser suficiente como critério individual para assinalar e significar o grau dos algodões egípcios e, por conseguinte, prever esse grau.

Os resultados foram os seguintes

- Caracterização da cor inerente das variedades de algodão egípcio

Os atributos de cor de luminosidade (Rd %) e grau de amarelecimento (+b), juntamente com os correspondentes códigos de grau de cor de 3 dígitos registados na tabela 1, foram utilizados para caraterizar e especificar a cor genética inerente das variedades de algodão egípcio.

Em média, a variedade Giza 86 foi a que apresentou o maior grau de luminosidade (Rd %), seguida, por ordem decrescente, das variedades Giza 92, Giza 70, Giza 88, Giza 90 e Giza 80. Do mesmo modo, de acordo com os valores do grau de amarelecimento (+b), a variedade Giza 80 apresenta, em média, o valor mais elevado de amarelecimento, seguida, por ordem decrescente, das variedades Giza 90, Giza 88, Giza 70, Giza 86 e Giza 92. Por conseguinte, pode afirmar-se, de um modo geral, que as variedades Giza 86 e Giza 92, devido ao seu grau mais elevado de luminosidade (Rd %) e ao seu grau mais baixo de amarelecimento (+b), são as variedades com a cor branca mais clara entre os algodões egípcios. Pelo contrário, tanto a Giza 80 como a Giza 90, que têm o grau mais baixo de luminosidade (Rd %) e o grau mais alto de amarelecimento (+b), são as variedades com o grau mais profundo de intensidade de cor amarela, o que implica que estas duas variedades têm uma cor creme escura. Em geral, considerando os valores dos seus atributos de cor, a variedade Giza 70 tem uma cor branca gessada, o que significa que a sua brancura é inferior à das variedades Giza 86 ou Giza 92, enquanto a Giza 88 é considerada uma variedade de cor cremosa.

Além disso, os dados do código de grau de cor de 3 dígitos apresentados na tabela 1 foram utilizados para confirmar as conclusões acima mencionadas. O primeiro dígito refere-se ao grau do algodão, o segundo dígito indica a designação da classe de cor e o terceiro dígito indica o número do quadrante do grau.

A Figura 1 é o diagrama de cores do calorímetro de algodão Nickerson-Hunter, que se baseia nos actuais padrões universais para os graus do algodão americano Upland. Mostra como as medidas de cor de Rd% e +b são codificadas e como se relacionam com a cor dos padrões de qualidade.

No entanto, o segundo dígito do código de 3 dígitos do grau de cor foi utilizado para especificar a classe de cor a que pertence cada uma das variedades de algodão egípcio. O segundo dígito, como já foi referido, refere-se ao número da classe de cor no diagrama de cores do algodão Nickerson - Hunter (Fig.1). O número varia entre 1 para o branco, 2 para o manchado claro, 3 para o manchado, 4 para o tingido e 5 para a classe de cor manchada de amarelo. No entanto, em virtude do segundo dígito do código de 3 dígitos das 2 classes mais altas G/F e G de cada uma das variedades de algodão egípcio envolvidas neste estudo, mostra-se que tanto a Giza 86 como a Giza 92 pertencem à classe de cor branca (classe número 1), enquanto a Giza 70 pertence à classe de cor branca ou à classe manchada clara (classe número 2). Por outro lado, Giza 80, Giza 88 e Giza 90 pertencem à classe de cor tingida (classe número 4), o que indica que estas três variedades são de cor creme.

- Outros aspectos dos atributos de cor dos algodões egípcios

Como já foi referido, a cor e o grau do algodão estão fortemente relacionados entre si, de tal forma que o grau do algodão se aproxima da sinonímia com a cor. No entanto, outros aspectos dos atributos da cor do algodão foram considerados e sugeridos para serem utilizados para indicar o grau do algodão. A intenção é contribuir para as tentativas de atualização do sistema de classificação do algodão atualmente em uso no Egito e em muitos outros países.

Os dados apresentados na tabela 2 revelam que os valores da luminosidade relativa (%Rd) e do índice de cor (CI) das diferentes variedades de algodão egípcio seguiram exatamente a mesma tendência. Em média, a variedade Giza 86 parece ter o valor mais alto de luminosidade relativa (+Rd), bem como o valor mais alto de índice de cor (CI), seguida em ordem decrescente por Giza 92, Giza 70, Giza 88, Giza 90 e Giza 80. O padrão inverso é verdadeiro no que respeita aos valores de amarelecimento relativo (%+b), em que, em média, Giza 80 ocupa o primeiro lugar, com o valor mais elevado de %+b, seguido, por ordem decrescente, de Giza 90, Giza 88, Giza 70, Giza 92 e Giza 86. Estes resultados indicam claramente que os valores mais elevados de luminosidade relativa (%Rd) e de índice de cor (CI) são geralmente combinados com os valores mais baixos de amarelecimento relativo (%+b).

Nomeadamente, não existe equivalência entre os valores de % Rd e %+b, por um lado, e os valores homólogos de Rd% e +b, por outro. O facto é que os valores de luminosidade relativa (%Rd) e de amarelecimento relativo (%+b) são evidentemente superiores aos valores correspondentes de luminosidade (Rd %) e de amarelecimento (+b). Este padrão foi verdadeiro para todas as variedades e suas diferentes categorias consideradas neste estudo, sem qualquer exceção (quadros 1 e 2).

- Relação de diferentes atributos de cor com o grau de algodão em pluma no algodão egípcio
É interessante notar que, para qualquer tipo de fibra, os valores dos atributos de cor de leveza (Rd %) e amarelamento (+b) diferem acentuadamente dependendo da cor genética inerente da variedade de algodão, ou seja, se a variedade é de cor branca ou cremosa. Por exemplo, o grau de fibra Good (G) da variedade Giza 86 (cor branca) tem valores de 73,9% para Rd% e 8,8 para +b, enquanto os valores correspondentes do mesmo grau da variedade Giza 80 (cor creme) são 62,8% para Rd% e 12,7 para +b (tabela 1).

Assim, parece racional e imperativo separar as variedades de cor branca (Giza 70, Giza 86 e Giza 92) das de cor creme (Giza 80, Giza 88 e Giza 90) ao investigar a relação dos atributos de cor com o grau de fibra do algodão egípcio. No entanto, é notável que, para qualquer variedade, houve um padrão consistente de diminuição nos valores de %Rd à medida que o grau de classificação diminuía, indicando a relevância entre o grau de fibra e a claridade ou escuridão da cor (Rd %). Por outro lado, as alterações nos valores de amarelecimento (+b) dentro de uma variedade não seguiram uma tendência consistente e definida relacionada com o aumento ou a diminuição do grau de pureza da fibra (tabela 1). No entanto, é de primordial importância notar, a partir dos dados da tabela 2, que tanto os valores de luminosidade relativa (%Rd) quanto os valores do índice de cor (CI) mostraram a mesma tendência geral de diminuição com a redução do grau em todas as variedades estudadas. Pelo contrário, os valores de amarelecimento relativo (%+b) mostraram uma tendência geral de aumento com a diminuição do grau, tanto nas variedades de cor branca como nas de cor creme.

A Tabela 3 mostra que os coeficientes de correlação simples (r) indicaram relações positivas significativas entre o grau de algodão em pluma e cada um dos atributos de cor de luminosidade (Rd%), luminosidade relativa (%Rd) e índice de cor (CI) das variedades de algodão egípcio branco ou de cor creme. Pelo contrário, os coeficientes de correlação revelaram ainda que o grau de fibra teve relações negativas significativas com o amarelecimento relativo (%+b), tanto nas variedades de cor branca como nas de cor creme. No que respeita ao amarelo (+b), verificou-se uma correlação significativa e negativa com o teor de fibra nas variedades de cor branca, ao passo que esta relação foi significativa e positiva nas variedades de cor creme. No entanto, em virtude dos valores dos coeficientes de determinação (R %) registados no quadro 3, pode afirmar-se que a luminosidade da cor (Rd %), medida no HVI, parece ter a maior influência do que qualquer outro atributo de cor na variação do grau do algodão em pluma. A luminosidade (Rd %) foi responsável por 93,9% da variação no grau da fibra nas variedades de cor branca e 89,5% dessa variação nas variedades de cor creme (tabela 3).

- Em conclusão

A luminosidade, expressa em percentagem de reflectância (Rd %), obtida a partir das medições do colorímetro HVI, superou evidentemente todos os outros atributos de cor no que diz respeito às suas correlações com o grau do algodão em pluma e às suas contribuições para a variação do grau, conforme revelado pelos valores do coeficiente de determinação (R %) nas variedades de algodão egípcio de cor branca ou de cor creme (Quadro 3).

No entanto, essa conclusão contradiz a relatada por Liu e Thibodeaux, (2010), que apontaram que seu estudo sugeriu a viabilidade de uma variável, ou seja, amarelecimento relativo (%+b) ou leveza relativa (%Rd) para a classificação e graduação da cor do algodão. Esclareceram ainda que, embora o uso de %+b ou %Rd apenas melhorasse a correlação entre o comprimento médio e %Rd, o par de +b e %+b tinha uma correlação linear mais acentuada do que o par de Rd% e %Rd. Acrescentaram que o primeiro resultado da análise de componentes principais (PCA) revelou correlações mais significativas com %+b ou %Rd do que com +b ou Rd%.

De acordo com as conclusões deste estudo, parece razoável postular que a luminosidade ou a percentagem de reflectância (Rd %), por si só, pode ser suficiente como critério individual para assinalar e significar a qualidade dos algodões egípcios. Assim, poder-se-ia afirmar, em termos gerais, que quanto mais elevado for o valor da luminosidade ou do brilho (Rd %), maior seria o grau do algodão. No entanto, a equação de regressão linear $\hat{Y}$=a + bx foi usada para prever o grau do algodão ($\hat{Y}$) para quaisquer valores dados de Rd% (valores x). É importante notar que (a) é um termo constante, enquanto (b) é o valor do coeficiente de regressão.

No entanto, foram desenvolvidas as seguintes equações para prever o grau do algodão egípcio ($\hat{Y}$) com base nos valores de luminosidade ou de percentagem de reflectância (Rd %) (valores x).

Para as variedades de cor branca; $\hat{Y}$ =-24,042+0,510X
Para as variedades de cor creme; $\hat{Y}$ =-24,357+0,591X

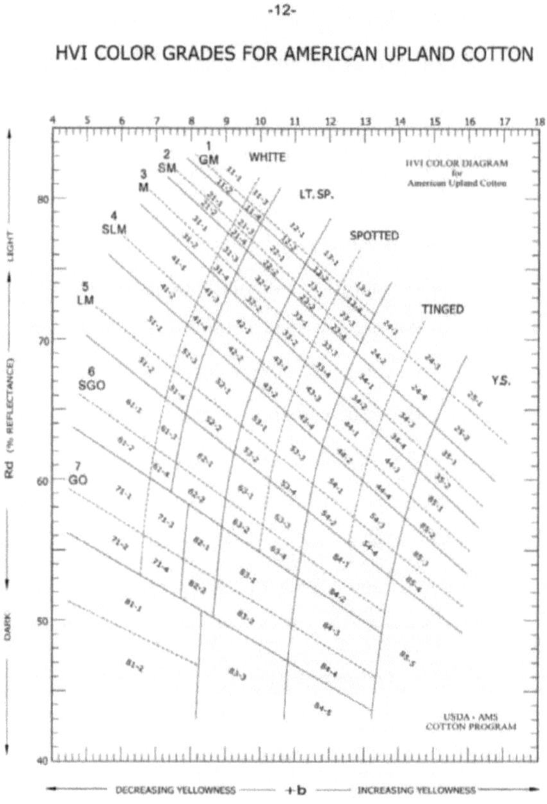

Fig. 1: Esquema do colorímetro Nickerson-Hunter

Tabela (1): Valores médios de luminosidade (Rd %), amarelecimento (+b) e o correspondente código de 3 dígitos do grau de cor dos tipos de algodão em pluma cru das variedades egípcias

Cotton Grade	Giza 70			Giza 80			Giza 86		
	Rd%	+b	3 - digit code	Rd%	+b	3 - digit code	Rd%	+b	3 - digit code
G/FG	73.5	9.4	31-2	64.0	12.6	44-1	75.8	8.6	31-3
G	71.4	9.8	32.3	62.8	12.7	44-1	73.9	8.8	31-4
FGF/G	69.0	9.9	42-1	58.1	12.3	54-3	70.3	9.0	42-3
FGF	65.8	10.1	43-1	53.9	12.5	54-2	66.6	8.9	42-1
GF/FGF	58.1	10.0	53-2	51.1	12.1	54-3	60.9	9.3	52-1
GF	54.2	10.3	53-3	50.2	12.2	64-2	59.6	9.5	63-2
Mean	65.33	9.92	-----	56.68	12.40	----	67.85	9.02	----
Cotton Grade	**Giza 88**			**Giza 90**			**Giza 92**		
	Rd%	+b	3 - digit code	Rd%	+b	3- digit code	Rd%	+b	3 - digit code
G/FG	66.8	12.6	44-1	64.6	12.5	44-4	75.0	8.4	31-1
G	65.9	12.2	44-3	63.2	12.7	44-1	72.8	8.9	31-3
FGF/G	61.3	12.1	44-2	58.3	12.4	54-1	70.0	9.1	42-1
FGF	60.0	12.3	64-1	54.9	12.1	54-3	65.9	8.8	42-3
GF/FGF	54.9	12.1	64-2	52.8	12.0	64-1	61.1	9.2	53-1
GF	52.1	11.9	64-3	51.1	12.2	64-3	58.1	9.4	63-1
Mean	60.17	12.20	----	57.48	12.32	----	67.15	8.97	----

Tabela (2): Valores médios de outros aspectos dos atributos de cor indicados pelo amarelecimento relativo (%+b), luminosidade relativa (%Rd) e índice de cor (IC) de diferentes qualidades de variedades de algodão egípcio

Cotton Grade	Giza 70			Giza 80			Giza 86		
	%+b	%Rd	CI	%+b	%Rd	CI	%+b	%Rd	CI
G/FG	11.3	88.7	7.8	16.4	83.6	5.1	10.2	89.8	8.8
G	12.1	87.9	7.3	16.8	83.2	4.9	10.6	89.4	8.4
FGF/G	12.5	87.5	7.0	17.5	82.5	4.7	11.3	88.7	7.8
FGF	13.3	86.7	6.5	18.8	81.2	4.3	11.8	88.2	7.5
GF/FGF	14.7	85.3	5.8	19.1	80.9	4.2	13.2	86.8	6.5
GF	16.0	84.0	5.3	19.6	80.4	4.1	13.7	86.3	6.3
Mean	13.32	86.68	6.62	18.03	81.97	4.55	11.80	88.20	7.55
Cotton Grade	**Giza 88**			**Giza 90**			**Giza 92**		
	%+b	%Rd	CI	%+b	%Rd	CI	%+b	%Rd	CI
G/FG	15.9	84.1	5.3	16.2	83.8	5.2	10.1	89.9	8.9
G	15.6	84.4	5.4	16.7	83.3	5.0	10.9	89.1	8.2
FGF/G	16.5	83.5	5.1	17.5	82.5	4.7	11.5	88.5	7.7
FGF	17.0	83.0	4.9	18.1	81.9	4.5	11.8	88.2	7.5
GF/FGF	18.1	81.9	4.5	18.5	81.5	4.4	13.1	86.9	6.6
GF	18.6	81.4	4.4	19.3	80.7	4.2	13.9	86.1	6.2
Mean	16.95	83.05	4.93	17.72	82.28	4.67	11.88	88.12	7.52

Tabela (3): Coeficientes de correlação simples univariada (r) e coeficientes de determinação (R %) entre o grau de fiapos e cada um dos atributos de cor de luminosidade (Rd %), luminosidade relativa (%Rd), amarelecimento (+b), amarelecimento relativo (%+b) e índice de cor (CI) nas variedades de algodão egípcio de cor branca e creme

Color attributes	White colored cottons		Creamy colored cottons	
	r	R (%)	r	R (%)
Rd%	0.969 **	93.9	0.946 **	89.5
%Rd	0.875 **	76.6	0.906 **	82.1
+b	-0.515 *	26.5	0.755 **	57.0
%+b	-0.875 **	76.6	-0.906 **	82.1
CI	0.892 **	79.6	0.893 **	79.7

3.4. Medições de espetrofotómetro de cor portátil da cor do algodão em locais remotos. (2013)

O uso de instrumentos de alta velocidade e alto volume para medir, classificar e determinar a qualidade do algodão está rapidamente se tornando uma prática global. A cor é um parâmetro de qualidade importante para a fibra de algodão e é mais frequentemente obtida nos EUA durante a classificação da fibra com o Uster® High Volume Instrument (HVI®) (USDA-AMS, 2005). A unidade HVI contém um colorímetro de dois filtros (duas regiões do espetro visível). Os parâmetros de cor da fibra obtidos com a unidade HVI são Rd (reflectância difusa) e +b (amarelecimento). Durante a medição de cor HVI, a amostra de fibra é colocada contra uma janela de vidro, e a cor é medida através do vidro (~6 mm de espessura).

O algodão é uma mercadoria global e é normal que ocorra alguma alteração de cor no algodão durante o tempo em que os fardos são armazenados antes de serem utilizados. Nos EUA, as propriedades do algodão do fardo são testadas pelo Departamento de Agricultura dos EUA (USDA) logo após o descaroçamento, e o fardo é armazenado até ser comprado e enviado. Estudos anteriores relataram que o principal efeito na qualidade da fibra de algodão devido ao armazenamento acelerado e não ideal do fardo (exposição a altas temperaturas e humidade) é a mudança na cor da fibra, normalmente resultando num aumento do amarelo (+b). Para o processamento de fibras a jusante, foi relatado que a consistência da tonalidade do corante pode ser afetada pelo armazenamento acelerado e prolongado dos fardos.

As condições típicas de armazenamento dos fardos podem resultar em pequenas alterações de cor que não afectam comercialmente o produto final, e a fábrica pode utilizar os dados originais de classificação HVI do USDA para fins de produção. No entanto, para as fábricas de têxteis que fabricam produtos que requerem um controlo crítico da cor, uma percentagem de cada remessa é testada para determinar a quantidade de mudança de cor que ocorreu. Para estes processos têxteis, as diferenças de cor fora das tolerâncias da fábrica entre os fardos de algodão podem afetar a qualidade do produto final de uma fábrica têxtil, especialmente se a fábrica não controlar adequadamente a variabilidade dentro e entre cada lote. A deteção de remessas atípicas e a atualização dos valores +b para cada fardo dentro de uma remessa atípica são necessárias para produtos críticos. As remessas que ficam fora da tolerância do moinho para a mudança de cor +b precisam ser testadas novamente.

Consequentemente, é necessário um meio mais rápido de identificar e testar as remessas de cores anómalas criadas por um armazenamento atípico de fardos. O software Engineered Fiber Selection® (EFS®) System MILLNet™ da Cotton Incorporated incorpora dados HVI, incluindo Rd e +b, e é utilizado para determinar quais os fardos que devem ser selecionados do inventário para misturas de algodão de funcionamento uniforme. A Cotton Incorporated estava interessada em medições de cor de algodão "no local"/local remoto (por exemplo, armazém) que produzissem valores de cor "em tempo real", com ênfase em +b.

O instrumento HVI é dispendioso e as medições HVI são efectuadas num laboratório condicionado (21°C e 65% de humidade relativa/RH), pelo que as medições de cor da fibra HVI em linha em locais remotos não são uma opção. Os recentes avanços na instrumentação de cor portátil mostraram um grande potencial para medições de cor rápidas e precisas, e estes espectrofotómetros de cor pequenos e portáteis podem ser utilizados em linha em locais remotos.

O Uster® High Volume Instrument (HVI®) é usado nos EUA para classificar o algodão, incluindo a cor do algodão. Os parâmetros de cor do algodão medidos no HVI são Rd (reflectância difusa) e +b (amarelecimento).

Comentários da indústria indicaram que alguns fardos de algodão pareciam ter mudado significativamente em +b (amarelamento) em relação às suas medições iniciais de cor HVI. Como resultado desses relatórios, houve interesse em medições de cor do algodão "in loco"/localização remota que produzissem valores de cor "em tempo real", com ênfase no amarelo.

Foi implementado um programa para desenvolver procedimentos e protocolos de espetrofotómetro de cor portátil para realizar medições rápidas, precisas e exatas da cor da fibra de algodão em linha em locais remotos e para fazer a interface desses resultados no software Cotton Incorporated Engineered Fiber Selection® (EFS®) System MILLNet™.

Foram utilizados azulejos padrão AMS, amostras de algodão e amostras de algodão de rotina para realizar avaliações comparativas para estabelecer as relações entre os parâmetros de cor HVI Rd e +b e o espetrofotómetro portátil L*a*b*.

As melhores correlações foram alcançadas entre 1) o HVI +b e o espetrofotómetro portátil b* e 2) o HVI Rd e o espetrofotómetro Y. Foram obtidos excelentes resultados comparativos e todos os critérios de estado final foram alcançados (R2s elevados, baixa variabilidade analítica do espetrofotómetro e um baixo número de valores atípicos). Os resultados do HunterLab MiniScan EZ (MSEZ) foram interligados com o software EFS System MILLNet™ e foram efectuados ensaios de campo preliminares em mais de 400 amostras de fardos numa fábrica não sediada nos EUA. Foi observada uma concordância de cor muito boa entre a unidade HVI da fábrica e o sistema MSEZ-MILLNet™, com mudanças de cor +b distintas e significativas detectadas.

O material do estudo foi o seguinte:

Figura 1. Normas AMS, ladrilhos cerâmicos e tacos de fibra de algodão.

Amostras. Nesta avaliação, foram utilizadas amostras de cerâmica e de algodão. Azulejos de cerâmica padrão AMS (2 caixas, n = 10) e tacos de algodão (3 caixas, n = 36) foram usados na primeira fase do programa para estabelecer o potencial das medições de cor do espetrofotómetro portátil de Rd e +b (Fig. 1).

Os bastões de algodão AMS são bem preparados e exibem uma superfície uniforme e consistente. O algodão solto de rotina tem uma aparência de superfície muito mais aleatória, e essas amostras podem apresentar um comportamento de cor diferente em comparação com os bastões de algodão AMS bem preparados e consistentes. Para a próxima fase, foram avaliadas amostras de algodão solto de rotina (n = 45). Para as amostras de algodão de rotina, 75,0 ± 2,0 g de fibra de algodão solta foram colocadas na caixa de "batt" usada para segurar os bastões individuais de algodão AMS, e o algodão foi medido no SRRC Uster HVI-1000 e no espectrofotômetro de cor portátil HunterLab MiniScan EZ (MSEZ).

Figura 2. Espectrofotómetro portátil HunterLab MiniScan EZ (MSEZ) e porta de amostragem de 30 mm coberta com vidro.

Para as amostras de azulejos AMS e de tacos de algodão, os valores padrão de cor HVI fornecidos pela AMS para Rd e +b foram utilizados como valores de referência. Para a cor HVI das amostras de rotina, foram efectuadas cinco medições por amostra e calculada a média para obter os valores de referência Rd e +b.

Para todas as medições MSEZ, foram efectuadas cinco réplicas e calculada a média por amostra, e os valores médios de cor MSEZ foram comparados com os valores médios de cor HVI. Todas as medições foram efectuadas em condições normais (70 ± 2 °F e 65 ± 2% HR).

Medições de cor. Para os azulejos de cerâmica e as mantas de algodão padrão AMS, os valores de referência Rd e +b foram obtidos a partir do colorímetro master HVI-1000 em Memphis, TN.

Para as amostras de rotina, os valores HVI Rd e +b utilizados como valores de cor de referência para os algodões de rotina foram obtidos no SRRC HVI-1000. O colorímetro HVI utiliza dois filtros para medir a reflectância difusa da amostra em duas regiões espectrais visíveis, e os valores Rd e +b são obtidos através de algoritmos de Uster. A amostra de fibra de algodão é colocada contra uma janela de vidro espesso e colocada sob pressão, e todas as medições de cor são efectuadas através do vidro (~6 mm de espessura). O HunterLab MSEZ é um espetrofotómetro de cor portátil (400-700 nm), leve e que ocupa pouco espaço (tamanho físico), que funciona a pilhas (HunterLab Associates, Reston, VA).

A unidade contém uma geometria de medição de 45/0 e uma porta de amostragem (medição) de 30 mm. Os dados do MSEZ podem ser descarregados para dispositivos externos (por exemplo, computador ou unidade flash USB). A porta de amostragem padrão do cone nasal para o MSEZ é aberta (sem cobertura), mas para estas avaliações foi utilizada uma porta de amostragem de cone nasal de vidro encomendada especialmente (a porta de amostragem continha uma peça fina de vidro ótico). Como já foi referido, a utilização de vidro é necessária para medições de cor em fibras de algodão.

A utilização da porta de amostragem coberta por vidro produz uma apresentação de amostragem de fibra suave e consistente para a medição de cor, e a utilização da calibração de vidro demonstrou minimizar significativamente o impacto do vidro. Foram seguidos os procedimentos operacionais do fabricante. Todas as medições do MSEZ foram efectuadas no iluminante D65/10° do observador e no iluminante C/2° do observador para os espaços de cor XYZ e L*a*b*, e foram efectuadas comparações matemáticas entre os resultados HVI Rd e +b e os resultados MSEZ L*a*b* e XYZ.

Análise de dados. Foram efectuadas comparações entre os resultados do HVI Rd e +b e vários resultados dos parâmetros MSEZ L*a*b* e XYZ. Os parâmetros estatísticos utilizados nesta avaliação incluíram o desvio padrão dentro do conjunto (Swp; cinco medições), R2 e o número de valores atípicos (número de amostras fora da concordância de cor especificada entre o HVI Rd e +b e o termo de cor MSEZ "Rd" e "+b" selecionado).

Utilizámos critérios de estado final como os objectivos desejados/alvo para os resultados da comparação. Após discussões com a Cotton Incorporated sobre os seus objectivos de estado final desejados, os critérios de estado final selecionados para as amostras de algodão foram Swps comparáveis (< 0,25 +b e <0,50 Rd para o espetrofotómetro portátil), R2s > 0.90, e ≥ 70% o número de amostras concordando dentro de ± 0,5 unidades de cor +b (HVI +b para MSEZ "+b" termo de cor selecionado) e dentro de ± 1,0 unidades de cor Rd (HVI Rd para MSEZ "Rd" termo de cor selecionado) (intervalo de confiança de 70%).

Os resultados foram os seguintes

Padrões AMS. Foram efectuadas cinco medições por amostra no Uster HVI-1000 (para comparações Swp) e no MSEZ, utilizando 10 azulejos padrão AMS (2 caixas) e 36 tacos de algodão padrão AMS (3 caixas). Todas as comparações de valores médios foram feitas em relação aos valores declarados pela AMS para os azulejos de cerâmica e os tacos de algodão.

Foram efectuadas várias comparações de parâmetros de cor e de algoritmos matemáticos entre os parâmetros de cor do espetrofotómetro e o HVI Rd e +b. A concordância linear observada entre o HVI +b e o MSEZ b* foi excelente, tanto para azulejos como para tacos, com declives próximos da unidade e R2s elevados (> 0,97) (Figs. 3 e 4). O foco principal deste projeto foram as amostras de fibras; assim, foi dada uma ênfase primária às medições do amarelecimento dos tacos de algodão. Para os tacos AMS, foram calculados quatro parâmetros MSEZ +b a partir das medições do espetrofotómetro MSEZ e comparados com os resultados de cor HVI +b e b* a partir dos resultados MSEZ L*a*b* (ajustamento apenas de viés para corresponder a +b), equações lineares e cúbicas de melhor ajuste e cálculo +b de Nickerson. Os melhores resultados preliminares globais foram obtidos para HVI +b e MSEZ b* (iluminante D65/10° observador) (Tabela 1).

Os algoritmos linear, polinomial e de Nickerson produziram R2s elevados (≥ 0,95), mas os seus resultados de concordância do método de cor (número de amostras que concordam com ± 0,5 unidades de cor com o HVI +b) foram frequentemente inferiores à concordância do método observada para o termo b* do MSEZ, e exigiram cálculos adicionais.

Para Rd, foram calculados quatro parâmetros MSEZ "Rd" a partir das medições do espetrofotómetro MSEZ e comparados com os resultados de cor HVI Rd - Nickerson Calculated Rd (Y), equações de melhor ajuste linear e cúbico para Y para Rd, e Rd calculado a partir da correlação L* para Rd. Os melhores resultados preliminares globais foram obtidos para HVI Rd e o termo Rd (Y) calculado por Nickerson MSEZ (Nickerson MSEZ Rd; iluminante C/2° observador) (Quadro 2). Este parâmetro é calculado a partir do algoritmo original de Nickerson (equação 1; valor Y para o iluminante C, observador a 2°), necessitando apenas de um ajuste de polarização para produzir valores Rd comparáveis.

Todos os algoritmos matemáticos produziram R2s elevados (≥ 0,99) e um número reduzido de valores anómalos (> 90% das amostras concordaram dentro de ± 1,0 unidade Rd). Os Rds calculados com base em Rd linear, cúbico e Rd para L* exigiram cálculos adicionais em comparação com o Rd Nickerson MSEZ ajustado apenas por viés. A concordância do método entre o HVI Rd e o Nickerson MSEZ Rd foi excelente, tanto para os ladrilhos como para os tacos, com declives próximos da unidade e R2s elevados (> 0,98) (Figs. 5 e 6).

Além de obter as melhores comparações entre o espetrofotómetro "Rd" e "+b" e o HVI Rd e +b, um dos critérios finais era uma variabilidade analítica comparável (Swp) para os parâmetros do HVI e do espetrofotómetro, com um objetivo de Swp < 0,25 +b e Swp < 0,50 unidades de cor Rd para ambos os métodos.

Para +b, foram observados Swps aceitáveis tanto para o MSEZ como para o HVI para ladrilhos (HVI = 0,01; MSEZ = 0,03) e tacos (HVI = 0,08 e MSEZ = 0,16). Foram observados resultados semelhantes para Rd tanto para azulejos (HVI = 0,05; MSEZ = 0,11) como para tacos (HVI = 0,15 e MSEZ = 0,41). Embora os Swps para os azulejos e os tacos de algodão fossem mais elevados para os resultados de Rd e +b do MSEZ de Nickerson, permaneceram inferiores a metade do intervalo de concordância do método de ±0,50 +b e ±1,0 unidades de cor Rd e inferiores aos objectivos dos critérios de estado final.

Foram observados vieses pequenos, mas distintos, tanto para +b quanto para Rd entre os resultados de cor do HVI e do MSEZ. Para +b, foi observado um pequeno viés de aproximadamente 1,4 entre os resultados de cor HVI +b e MSEZ b* para as amostras de algodão, com o MSEZ produzindo resultados de amarelamento ligeiramente mais altos. Após o ajuste, a concordância entre o HVI +b e o MSEZ b* foi excelente, com apenas dois outliers (> 0,5 unidade de cor de diferença entre o HVI +b e o MSEZ b*), como mostrado na Fig. 7 e na Tabela 1. No geral, a concordância de cor +b-b* foi superior a 94% para o limite de outlier especificado de ± 0,5 unidade de cor. Estes resultados anómalos estavam bem dentro dos critérios do estado final para a concordância do método do termo b do espetrofotómetro portátil HVI +b (≥ 70% das amostras concordam dentro de ± 0,5 unidades de cor).

Resultados semelhantes foram observados para Rd, como mostra a Tabela 2. Foi observado um ligeiro viés de aproximadamente 1,0 entre os resultados de cor HVI Rd e Nickerson MSEZ Rd para as amostras de algodão, com o MSEZ produzindo resultados de reflectância difusa ligeiramente inferiores. Para o MSEZ +b e Rd, foram usados os cálculos somente de viés. Para os critérios de estado final, as equações ajustadas apenas com viés produziram os melhores resultados gerais. Além disso, a utilização de cálculos apenas com viés evita ajustes complexos mais tarde, quando a técnica é aplicada a vários instrumentos.

Algodões de rotina. As avaliações comparativas iniciais usaram os bastões de algodão AMS para análises de fibras. No entanto, as amostras de algodão solto de rotina podem apresentar um comportamento de cor diferente em comparação com os bastões de algodão AMS bem preparados e consistentes. O programa comparativo de cores foi expandido para incluir amostras de algodão soltas e de rotina. As medições de cor foram realizadas em 45 amostras de algodão, representando uma grande diversidade de idade e localização (37 amostras da AMS representando a safra de algodão de 2010 e oito algodões envelhecidos de amostras de 2005).

Foram efectuadas cinco medições por amostra no HVI-1000 da Uster e no MSEZ. Todas as comparações foram efectuadas em relação aos resultados do SRRC HVI-1000 Rd e +b. Com base nos resultados da avaliação dos azulejos AMS e das mantas de algodão, apenas os parâmetros de cor HVI Rd e Nickerson MSEZ Rd e HVI +b e MSEZ b* foram comparados. Para +b, foi observada uma excelente concordância linear geral entre HVI +b e MSEZ b* para as amostras de algodão solto de rotina. A inclinação de +b-b* foi próxima da unidade, e obteve-se um R2 elevado (> 0,94) (Fig. 8). Como observado para as mantas de algodão AMS, os valores de MSEZ b* foram ligeiramente superiores aos valores de HVI +b.

Em geral, as diferenças absolutas entre HVI +b e MSEZ b* para as amostras de rotina são ligeiramente superiores às diferenças absolutas observadas para os bastões de algodão AMS; a diferença absoluta média para as amostras de rotina foi de aproximadamente 1,7, enquanto a diferença absoluta média para os bastões de algodão AMS foi aproximadamente 1,4 unidades inferior aos valores de MSEZ b*. As ligeiras diferenças observadas no HVI +b e no MSEZ b* entre os bastões de algodão AMS e as amostras de algodão de rotina não são inesperadas, uma vez que os bastões de algodão AMS foram cuidadosamente preparados (alinhados, superfície lisa e consistente, mesma idade), enquanto as amostras de rotina foram medidas "como estão" (sem mistura ou preparação de amostras; diferença de idade de 5 anos entre as amostras). Quando foi efectuado um ajustamento de 1,7 aos valores b* do MSEZ, observou-se uma excelente concordância entre o HVI +b e o MSEZ b*. A concordância +b-b* foi superior a 91% para ± 0,5, bem dentro dos critérios de estado final para a concordância do método de b-termo do espetrofotómetro portátil HVI +b.

Foi observada uma excelente concordância linear entre o HVI Rd e o Nickerson MSEZ Rd para as amostras de rotina, com um R2 elevado (> 0,95) (Fig. 9). Os resultados do Nickerson MSEZ Rd para os algodões de rotina foram cerca de 2,8 unidades inferiores aos resultados do HVI Rd, mas foram apenas cerca de 1,0 unidades inferiores aos resultados do HVI Rd para os batts de algodão AMS, o que representa um aumento significativo do desvio. Quando um ajuste de 2,8 foi feito aos valores de Rd do Nickerson MSEZ, a concordância do método foi superior a 77% para ± 1,0 Rd, dentro dos critérios de estado final.

As diferenças de preparação/apresentação da superfície observadas anteriormente entre os bastões de EMA e as amostras de algodão solto de rotina são o principal fator que contribui para o aumento do desvio de Rd. O termo +b é calculado a partir das diferenças de reflectância entre duas regiões espectrais (e, por conseguinte, não é tão afetado por alterações na apresentação da superfície na reflectância difusa da superfície); enquanto que o Rd é uma medição direta da reflectância difusa da amostra e, por conseguinte, é mais afetado por alterações na apresentação da superfície do que o +b.

Sistema de Seleção de Fibras de Engenharia (EFS) Software MILLNet™ Interface. O software MILLNet™ permite que as usinas entendam prontamente a qualidade do algodão que compram e facilmente recebam, precifiquem e consumam o algodão de maneira uniforme usando dados HVI. As usinas que usam o software MILLNet™ podem receber e importar dados HVI diretamente de sua própria linha HVI ou de arquivos enviados pelo fornecedor (por exemplo, ANSI X12 4010 EDI, Excel, arquivo ASCII).

Os clientes que fabricam produtos críticos de alta qualidade, utilizando dados de HVI recebidos antes dos seus envios de algodão, indicaram que beneficiariam de um método económico para testar rápida e corretamente as diferenças de cor no momento em que os fardos são fisicamente recebidos no armazém. Estes clientes vão desde grandes fábricas que possuem uma linha HVI da Uster até fábricas que não possuem equipamento de teste de cor.

Na produção, as amostras de algodão testadas com o HunterLab MSEZ são cortadas de dentro do fardo seguindo os métodos padrão de preparação de amostras ASTM. A medição da cor do algodão diretamente no fardo, logo abaixo do invólucro, não produzirá resultados fiáveis devido à sujidade e ao possível amarelecimento logo abaixo do invólucro. As amostras são então levadas para um computador com o software MILLNet™ no armazém ou no laboratório.

Foi escrita uma interface USB personalizada para o HunterLab MSEZ para importar dados para o software MILLNet™ por número de fardo. As medições Rd e +b são recolhidas durante a leitura de cada amostra. É necessário um mínimo de três leituras de várias partes da amostra para obter uma média de Rd e +b para a amostra. A média destes dados é então ajustada utilizando compensações de correção definidas pelo utilizador para Rd e +b.

Os valores desses deslocamentos são determinados pelo cliente para permitir diferenças entre as unidades MiniScan e para ajustar as leituras para que se ajustem melhor aos valores obtidos pelas leituras de linha HVI devidamente calibradas da própria empresa ou pelas leituras de calibração feitas com base nas amostras de algodão dos Padrões Universais do USDA. Depois de inserir os resultados ajustados no banco de dados de amostras, os dados são então importados como uma remessa. No software MILLNet™, os relatórios podem ser executados para verificar as tolerâncias Rd e +b definidas pela usina para a remessa ou usadas diretamente para fins de processamento de fibras.

Na Fig. 10 é apresentado um exemplo de uma sessão de introdução de dados com dados reais retirados de uma única amostra. A identificação interna da amostra do HunterLab MSEZ também é mostrada para fins de referência. A interface entre o sistema MILLNet™ e o HunterLab MSEZ foi inicialmente testada no terreno numa fábrica não sediada nos EUA.

A fábrica utilizou o espetrofotómetro HunterLab MSEZ para analisar os fardos de algodão de vários lotes selecionados devido à perceção de elevadas alterações de cor, com ênfase no +b. Essas amostras também foram avaliadas em seu Uster HVI-1000. Mais de 400 amostras foram testadas, e a concordância de cor entre os métodos de medição de cor HVI-1000 e MSEZ foi muito boa, com a mudança nos valores originais de +b prontamente observada pelo MSEZ para cinco lotes (Tabela 3).

Observou-se um ligeiro mas consistente enviesamento para +b ($\leq$ 0,5 +b), mas este enviesamento foi muito menor do que a mudança de cor entre o HVI +b original e o HVI +b na fábrica. O moinho também informou que a interface e o hardware eram fáceis de operar.

Conclusões: Os comentários da indústria indicaram que alguns fardos de algodão pareciam ter mudado significativamente de cor em relação às suas medições iniciais de cor HVI, especialmente para +b. Foi implementado um programa para desenvolver procedimentos e protocolos de espectrofotômetro de cor portátil para realizar medições rápidas, precisas e exatas da cor da fibra de algodão em linha em locais remotos e para fazer a interface desses resultados no software MILLNet™.

Utilizando azulejos padrão AMS, tacos de algodão padrão AMS e amostras de algodão solto de rotina, foram realizadas avaliações comparativas para estabelecer as relações entre o HVI Rd e +b e o espetrofotómetro portátil L*a*b* e os parâmetros de cor XYZ (iluminantes D65/10° observador e iluminante C/2° observador).

As medições do espetrofotómetro portátil foram rápidas (< 3 min. de medição por amostra), precisas e exatas. Obteve-se uma excelente concordância linear entre HVI Rd e +b e MSEZ Rd (parâmetro Y) e +b (parâmetro b*) para azulejos de cerâmica AMS, mantas de fibra de algodão e algodões de rotina (R2s > 0,9). Obteve-se uma baixa variabilidade analítica do espetrofotómetro (dentro dos desvios-padrão, Swps) para as medições de cor HVI e MSEZ, com todas as variabilidades a cumprirem os objectivos do estado final.

A concordância do método de cor entre o HVI +b e o MSEZ +b foi excelente, com mais de 94% dos algodões padrão AMS e mais de 91% dos algodões de rotina concordando dentro de ± 0,5 unidades de cor. A concordância geral do método de cor entre o HVI Rd e o Nickerson MSEZ Rd foi boa, com mais de 97% dos algodões padrão AMS e mais de 77% dos algodões de rotina concordando dentro de ± 1,0 unidades de cor. A medição de Rd foi mais afetada pela apresentação da superfície do que +b (nenhuma preparação de amostra para os algodões de rotina). Assim, a medição de Rd e +b da fibra de algodão utilizando um espetrofotómetro portátil demonstrou ser viável, e todos os critérios de estado final foram alcançados.

Os resultados de cor podem ser descarregados para o software MILLNet™ para seleção de fardos. Os testes de campo iniciais do software MILLNet™ para a interface HunterLab MSEZ foram realizados numa fábrica não sediada nos EUA com mais de 400 amostras de cotão. A fábrica relatou que a interface e o hardware eram fáceis de operar. A concordância de cores entre o MSEZ e o HVI-1000 do moinho foi muito boa, com as mudanças nos valores de cor +b no moinho prontamente observadas.

Tabela 1. HVI +b vs. vários parâmetros MSEZ b, tacos de algodão padrão AMS (n = 36)

Parameter	R2	Color Agreement % Within ± 0.5
b* Only	0.975	94.4
Linear, Calculated +b	0.975	86.1
Cubic, Calculated +b	0.962	82.3
Nickerson, Calculated +b	0.950	77.0

Tabela 2. HVI Rd vs. vários parâmetros MSEZ "Rd", tacos de algodão padrão AMS (n = 36)

Parameter	R2	Color Agreement % Within ± 0.5
Nickerson, Calculated Rd (Y)	0.996	97.2
Linear, Calculated Rd	0.996	97.2
Cubic, Calculated Rd	0.996	97.2
L*↔Rd, Calculated Rd	0.994	94.4

Tabela 3. **Resultados do ensaio de campo sobre a cor, HVI original vs. HVI da fábrica vs. MSEZ, Rd e +b (n = 439).**

LOT	n[y]	Rd			+b		
		OHVI[z]	MHVI[z]	MSEZ[z]	OHVI[z]	MHVI[z]	MSEZ[z]
1	88	81.7	80.5	78.9	7.6	9.8	9.4
2	87	80.5	7.1	76.9	8.3	10.6	10.2
3	88	80.5	79.3	77.6	7.9	40.0	9.5
4	88	82.5	81.9	80.3	7.4	9.5	9.0
5	88	82.6	81.2	79.3	8.6	11.1	10.7
AVG[x]	439	81.6	80.4	78.6	7.9	10.2	9.8

z OHVI = Valores de cor originais do HVI-1000; MHVI = Valores de cor do Mill HVI-1000; MSEZ = Valores de cor do MILLNet-HunterLab MiniScan EZ y n = número de amostras de algodão; x AVG = média.

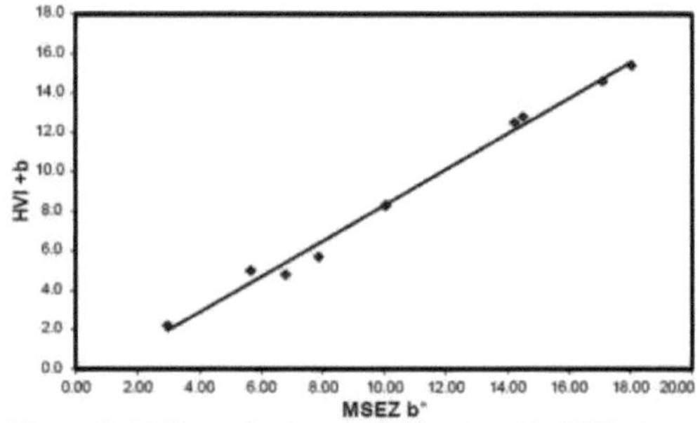

Figure 3. AMS standard ceramic tiles (n = 10), HVI +b vs. MSEZ b*. HVI +b = 0.9036(± 0.03)*MSEZ b* - 0.7262(± 0.38), R^2 = 0.9916.

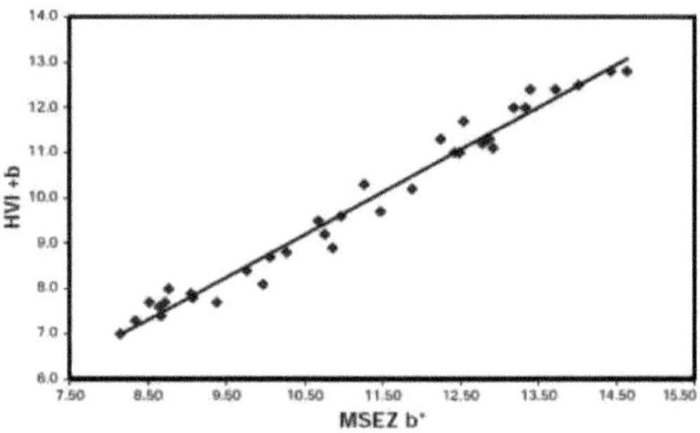

Figure 4. AMS standard cotton batts (n = 36), HVI +b vs. MSEZ b*. HVI +b = 0.9385(± 0.03)*MSEZ b* - 0.6636(± 0.27), R^2 = 0.9749.

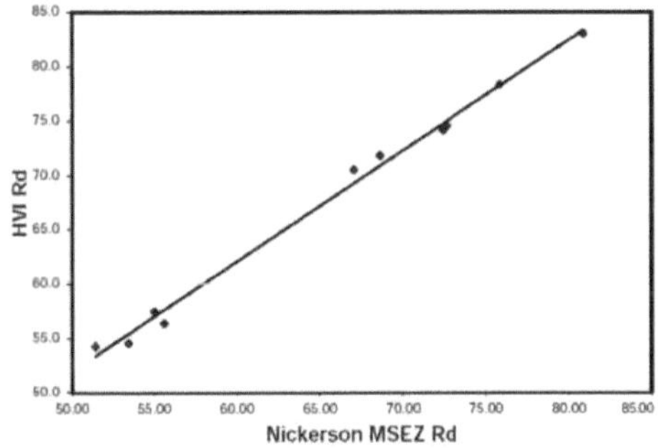

Figure 5. AMS standard ceramic tiles (n = 10), HVI Rd vs. Nickerson MSEZ Rd. HVI Rd = 1.0153(± 0.03)*Nickerson MSEZ Rd + 1.19(± 2.12), R^2 = 0.9939.

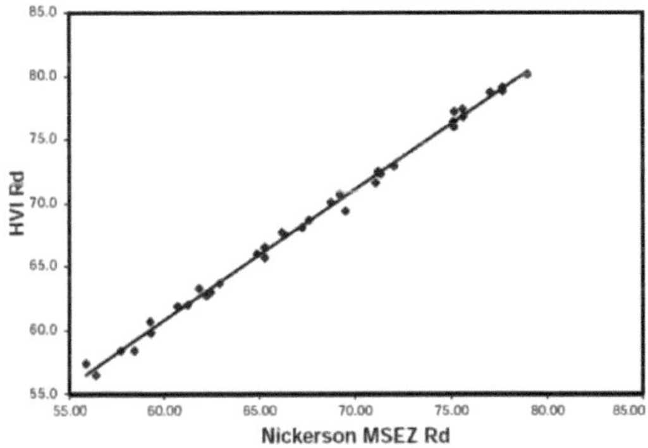

Figure 6. AMS standard cotton batts (n = 36), HVI® Rd vs. Nickerson MSEZ Rd. HVI Rd = 1.0293(± 0.01)*Nickerson MSEZ Rd + 0.9494(± 0.84), R^2 = 0.9957.

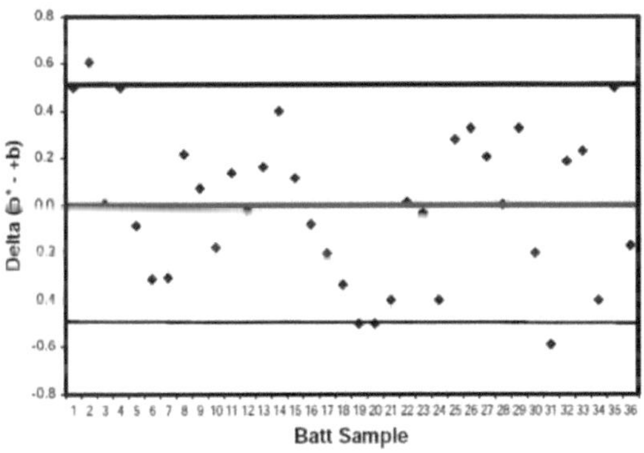

Figure 7. AMS standard cotton batts (n = 36), Delta (MSEZ b* - HVI +b); red line = 0.0, solid black line = ±0.5.

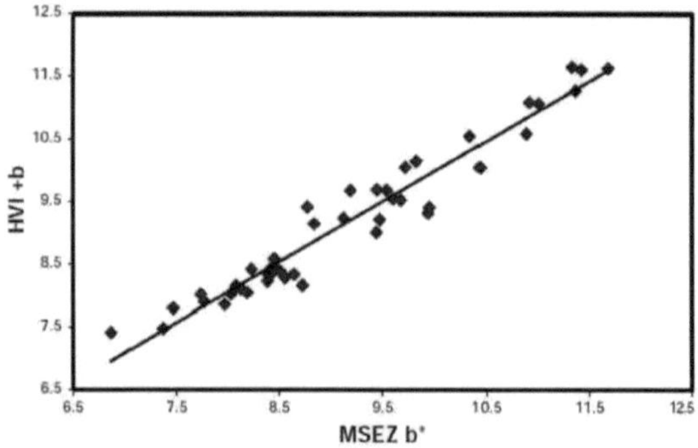

Figure 8. Routine, loose cotton samples (n = 45), HVI +b vs. MSEZ b*. HVI +b = 0.9641(± 0.04)*MSEZ b* - 1.302(± 0.35), R^2 = 0.9438.

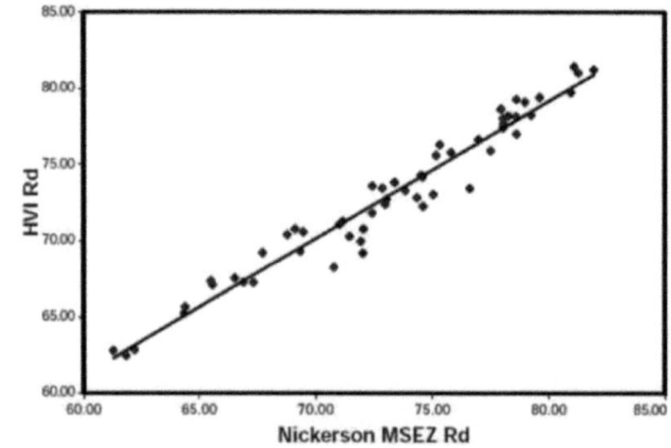

Figure 9. Routine, loose cotton samples (n = 45), HVI Rd vs. Nickerson MSEZ Rd. HVI +b = 0.9013(± 0.03)*Nickerson MSEZ Rd + 7.0582(± 2.10), R^2 = 0.9533.

Atualmente, existe uma equipa de investigação e eu tenho a honra de fazer parte dessa equipa que está a preparar um trabalho sobre o desenvolvimento de um diagrama de cores para os algodões egípcios em cooperação com o Dr. Guntram Kugler e Axel Drieling. Esse trabalho está agora na sua fase final e a equipa de investigação espera que esse trabalho seja qualificado e acrescentado.

Capítulo 4

4. AGRADECIMENTOS

O autor agradece o apoio e a assistência do Centro de Excelência Científica (CSE-5159) para promover e maximizar as actividades intensivas e as instalações de investigação eficientes no domínio da classificação do algodão no Egito.

O autor deseja também expressar o seu sincero apreço e gratidão ao Dr. Guntram Kugler, Diretor-Geral de Projectos Laboratoriais da TEXTECHNO H. Stein gmbH & CO KG.

O autor deseja também exprimir o seu sincero apreço e gratidão a Axel Drieling (membro da equipa central do Centro Internacional de Investigação e Testes de Qualidade do ICA de Bremen) e responsável pelas provas redondas internacionais de testes de algodão (ICA Bremen Cotton Round Trials - CSITC Round Trials).

Capítulo 5

5. REFERÊNCIAS

Um colorímetro para utilização com misturas de discos, 1931. Nickerson, D. J. Optical Soc. Am. 21:640-642.

Uma técnica de cartão perfurado para obter coeficientes de polinómios ortogonais. 1942. Lila F. Knudsen, J. Am. Statistical Association 37, 496 (1942).

Análise do sistema de cores Munsell com base em medições efectuadas em 1919 e 1926. Kasson S. Gibson e Dorothy Nickerson, p. 591.

Análise do sistema de cores Munsell original. 1940. John E. Tyler e Arthur C. Hardy, p. 587.

Calibração e funcionamento do espetrofotómetro de registo General Electric do National Bureau of Standards.1938. K. S. Gibson e H. J. Keegan, J. Opt. Soc. Am. 28, 372 (1938).

Classificação do algodão por grau, 2002. Mostafa M kamal. Palestra no Centro Internacional de Agricultura.

Explicação do High Volume Instrument (HVI): Medições de fibras no cartão de classe. 1984. USDA - Departamento de Agricultura dos Estados Unidos. Agric. Mark. Serv. Cotton Div. (7pp).

Exploração da validade da utilização de diferentes aspetos dos atributos de cor para sinalizar e significar o grau de fiapos de algodões egípcios. 2013. Khaled. M. Hussein, Ibrahim. A. Ebaido e Mostafa M. Kamal. Jornal Internacional de Pesquisa de Fibras e Têxteis 2013; 3(2): 52-56.

Expressão dos graus de pluma em termos de valores numéricos no algodão egípcio. 2009. K.M.M.Hussein e M.H.Mahmoud. Egito. J. of Appl. Sci., 24 (3): 254- 268 (2009).

Filtros para a reprodução da luz solar e da luz do dia e para a determinação da temperatura da cor. 1931. Raymond Davis e K. S. Gibson, BS Miscellaneous Pub. M114 (1931).

Cor HVI e resposta espetral UV/visível das fibras de algodão. 2010. Y. Liu, G. R., Gamble e D. P. Thibodeaux. Beltwide Cotton Conferences, Nova Orleães, Louisiana, 4 a 7 de janeiro (2010) p. 1431-1435.

Melhorar a classificação da cor do algodão. 2004. James L. Knowlton Standardization & Engineering Branch USDA, AMS, Cotton Program Memphis, TN.

Renotações Munsell utilizadas para estudar o espaço de cor de Hunter e Adams, 1950. Nickerson, D. J. Optical Soc. Am. 40:85-88.

New automatic colorimeter for cotton, 1950 Nickerson, D., R. Hunter, and M. Powell. J. Optical Soc. Am. 40:446-449.

Quantificação numérica do grau de pluma do algodão egípcio. 1995. Kamal, M. M. e M. T. Ragab, Egito. j. Agric. Res., 73 (3): 723-736.

Artigos sobre o sistema de cores Mnnscll. J. Opt. Soc. Am. 30 (1940): Dorothy Nickerson, History of the "Munsell color system and its scientific applicat?:on, p. 575.

Medições de espetrofotómetro de cor portátil da cor do algodão em locais remotos.2013. James Rodgers, Gustave Schild, Xiaoliang Cui e Christopher Delhom. The Journal of

Cotton Science 17:202-211 (2013).

Preparação e Propriedades Colorimétricas de um Padrão de Reflectância de Óxido de Magnésio 1939. Carta Circular NBS LC547 (março de 1939).

Levantamento dos espectrofotómetros. 1940. K. S. Gibson, Paper Trade J. **111,** 135 (1940).

A classificação do algodão, 2001. Manual de agricultura. 566, 2001.

Análise tricromática do livro de cores de Munsell. 1940. James J. Glenn e James T. Killian, p. 609. Relatório preliminar do subcomité da GSA sobre o espaçamento das cores A-funsell .1940. Sidney M. Newhall, p. 617.

Especificação tristímulo do livro de cores de munsell a partir de medições de espetrofotometria, 1943. Kenneth L. Kelly, Kasson S. Gibson e Dorothy Nickerson. Departamento de Comércio dos EUA, Gabinete Nacional de Normas. Documento de investigação rp1549, parte do Journal of Research of the National Bureau of Standards, volume 31, agosto de 1943.

MIX
Papier aus verantwortungsvollen Quellen
Paper from responsible sources
FSC® C105338

Printed by Books on Demand GmbH, Norderstedt / Germany